U0072413

成長性思維
學習指南

幫助孩子達成**目標**，
打造**心態致勝**的實戰教室

安妮‧布魯克 Annie Brock、希瑟‧韓德利 Heather Hundley————著

王素蓮————譯

the growth mindset coach
A Teacher's Month-by-Month Handbook for Empowering Students to Achieve

給艾碧嘉、艾迪生、艾伯特、巴迪、麗拉，
以及所有我們已經遇見與尚未遇見的孩子們。

願你們以實力及決心面對挑戰，
從失敗中站起來，
比以往更加堅強與睿智，發展深刻而恆久的信念，
相信你有力量，
足以將狂野的夢想轉變為偉大的成就。

│推薦序│給孩子一個可以犯錯的空間／曲智鑛 ──────── 6

│推薦序│從踏進新教室的第一步，

　　　　就開始了成長性思維之旅／林怡辰 ──────── 10

第一個月　教育是練習，不是完美　27

第二個月　人人都能學！　49

第五個月　我們愛挑戰！　141

第六個月　意見反饋是禮物，接受吧　173

第九個月　「不知道」跟「還不知道」有差別！　233

第十個月　我做得到！　255

| 推薦序 | 不是失敗，而是「還沒成功」／蔡宇哲 ——————— 12

| 推薦序 | 成長性思維是改變的動力／蘇明進 ——————— 14

| 前　言 | 兩種思維 ———————————————————— 16

第三個月

我的大腦像
肌肉一樣會成長！

83

第四個月

我是
這個學習團體
的重要成員

111

第七個月

沒有計畫的目標
只是願望

189

第八個月

錯誤
是學習的機會

213

第十一個月

如果我不照顧
自己，就沒辦法
照顧別人！

273

第十二個月

新的一天
是新的成長機會

297

| 致謝 | ———————————————————————— 313

| 注釋 | ———————————————————————— 316

推薦序

給孩子一個可以犯錯的空間

曲智鑛（陶璽特殊教育工作室創辦人、無界塾副塾長）

　　在我求學的過程中，「定型化思維」對我小學、中學的學習有著深刻的影響。

　　在我二〇一七年年底出版的新書《不孤單，一起走》中提到，因為我本身的「注意力缺陷過動症」的特質，造成我聽課時經常不專注、恍神，也影響我在數學概念的學習，久而久之，學習表現漸次明顯跟不上。

　　當時的我認為自己應該就是天生無法學好數學，數學能力就是比其他人來得差，也讓我開始逐漸放棄數學的學習，我想這就是「定型化思維」造成的影響吧！我自己定義這是灰心喪志五部曲。這樣的情況一直持續到高二，當我開始真正面對數學的學習時，有了很不一樣的改變。給自己機會，再加上成功的經驗，讓我在數學學習上產生了質變，這讓我相信，其實很多做不到的事情或是認為自己不擅長的事情，其實都是「定型化思維」的影響。有了成功應用「成長性思維」的經驗，讓我在面對人生其他挑戰時，都能適時鼓勵自己突破，勇於嘗

試，也讓我獲得不少成功的經驗。

過去十多年來，我嘗試將自然情境的教學與體驗學習結合的模式運用在特殊教育與輔導工作中，這樣的經驗讓我從孩子身上體會到重要的幾件事，也就是家長與輔導人員應該保有的基本原則，這些也是《成長性思維學習指南》書中提到的。比如，創造一個容錯的環境，讓孩子從體驗錯誤當中去學習，因為錯誤本身就是一個經驗，當孩子犯錯時，我們不是嚴厲的斥責，而應該想一想，這樣的經驗可以帶給孩子什麼樣的學習，透過我們的陪伴、反思與引導，讓孩子形塑一個新的行為，並能夠運用在未來的生活中。這樣錯誤才有意義，經驗才能成為生命轉化的能量。

在閱讀本書時，腦海中不斷浮現在輔導工作中常運用的「理性情緒治療法」，當中提到的「解釋型態」是一種習慣性的思考方式，但這並不是先天的特質，而是後天學習得來；我們在不知不覺中養成了這些慣性思維，但既然是靠學習得來，就有改造的可能性。即便原本抱持著定型化思維的人也可以改變，擁抱成長性思維。Seligman 引用 Albert Ellis 在一九九五年所發展的理性情緒治療法（Rational Emotive Behavior Therapy, REBT），擴充為 ABCDE 樂觀認知學習模式，教導人們如何從這些步驟中改變悲觀的解釋型態，並加以應用於在孩童身上。Seligman 利用三種解釋型態（永久性、普遍性、個別性）教導悲觀的人，學習使用不同的思考模式來看待事物。

《成長性思維學習指南》書中也提到許多策略，讓「定

型化思維」者有機會翻轉成「成長性思維」，或許善用「解釋型態」與操作「ABCDE 法則」也有機會調整自己的定型化思維。我相信，善用這本工具書，孩子有機會改善自己的學習，大人也有機會改變自己的人生！

備註

一、「解釋型態」有以下三個維度：

永久性（permanence）：暫時性 v.s 永久性。樂觀的人會對於好事有永久性的解釋，對於壞事有暫時性的解釋，悲觀者則相反。

普遍性（pervasiveness）：特定的 v.s 一般的。樂觀的人會對於好事有普遍性的解釋，認為該事會發生是普遍的，對於壞事有特定性的解釋，悲觀者則恰好相反。

個別性（personalization）：內在（自己）v.s 外在（他人環境）。樂觀的人會將事情成功歸之在己，事情失敗時除了檢討自我，亦注意是否還有外在因素，悲觀者則偏於歸咎自身因素。這與「動機歸因論」談的內外在歸因概念相似，個人往往會將成功與失敗的事件加以歸因，若將個人成敗歸諸於內在因素，如能力、努力和心情等，即為內在歸因。與內在歸因相對的是外在歸因。後者是指個人將成敗歸諸於外在因素，如工作難度、運氣或教師偏心等。

二、所謂的 ABCDE 分別為：

A：不愉快事件（adversity）：個人生命所遭遇的事件，如事件、人、想法。

B：念頭（belief）：對於「A」（緣起事件）的信念，有分理性與非理性。

C：後果（consequence: emotional and behavioral consequence）：由思想信念所衍生出來的情緒反應或行為的結果，亦即 B 才是導致 C 產生的主要原因。

D：反駁（disputation: disputing intervention）：對非理性、不合實際、絕對的思想信念加以駁斥，提出質疑。

E：激勵（energization）：有效理性的哲學觀、有效的情緒或行為。

推薦序

從踏進新教室的第一步，
就開始了成長性思維之旅

林怡辰（彰化縣原斗國小教師）

　　如果相信教育會帶來改變，那麼「成長性思維」就是最重要的關鍵。每當我走進一間教室，詢問孩子對自己學習的信念和感受時，我彷彿都會看見他們心中的懷疑、自責，甚至是抗拒和決裂。

　　「我就是沒有學習這個科目的細胞！」「我媽媽說她以前也學不會。」「這個我一定沒辦法！」老師們對這些話語一定很熟悉，甚至在家長口中，也能聽到這些定型化思維的言語，可見思維也會「世襲」，一代傳一代。

　　幸運的是，前幾年我遇見了《成長性思維學習指南》這本書，書中有十二個月的行動指引，包括：「教育是練習，不是完美」、「人人都能學」、「我的大腦像肌肉一樣會成長」、「我是這個學習團體的重要成員」、「我們愛挑戰」、「意見反饋是禮物，接受吧」……內容具體且詳細，可行又接地氣。

　　我把這本書當成重要指引，反覆閱讀、用心吸收，並讓

自己成為媒介，在對孩子說的話、小日記上的回饋、布置挑戰任務的時候，都強烈散發出成長性思維：「我相信你可以學！」每個回饋都精準且用心，看見學生每一個細微的努力，即便沒有進步，也要讓孩子知道：「成功很好，失敗也很有價值！」這些點點滴滴逐漸累積成改變的力量。就這樣，曾經讓老師煩惱的學生，以前的導師說他脫胎換骨了；常讓家長落淚憂愁的孩子，媽媽驚訝的看見他改變了。

　　我常覺得，家長和老師們好需要一起來讀讀這本書，哪個孩子不願意成功？而成功關鍵在於，孩子本身是否有「恆毅力」？是否有動力驅使自己不斷「刻意練習」？但這一切的基礎，都在教育中最核心的「相信」，如果孩子相信「自己可以做得到」，擁有「成長性思維」，那麼，你也會像我一樣，看見孩子在點點滴滴不斷的努力和嘗試中，所帶來的進步和無限奇蹟！

推薦序
不是失敗，而是「還沒成功」

蔡宇哲（「哇賽！心理學」創辦者兼總編輯）

　　在 2019 年公佈的國際學生能力評量計畫（PISA）中，有項「害怕失敗指數」（index of fear of failure），台灣的中學生在這項上的分數為全球最高。當然這並非定論，不過從這個傾向也可以嗅出一點端倪：多數學生不願意冒險，因為這會讓挫折的可能性大增。

　　隨著知識累積愈來愈多，社會也愈來愈多元，然而看似美好的背面，帶來的是不確定性愈來愈高，連帶著挫折與失敗的機會也會增加，因此「心理復原力」或者「韌性」的重要性也就與日俱增，誰不希望自己與孩子是打不倒的勇者，可以愈挫愈勇呢？

　　這概念說來容易，但要怎麼做呢？還好，心理學家提出了成長性思維的概念，為建構復原力提出了具體指引。而本書則是根據這樣的指引而建構出可具體執行的藍圖，好讓學校老師可以按部就班地實踐，讓成長性思維可以在教學場域施行，使學生能逐漸內化獲得復原力。

　　身為兩個女兒的爸爸，隨著孩子愈來愈大，我也相當關注她們對於生活與學習的各種任務，以及考試等結果的看法，會跟她們聊聊，成功了是由於什麼原因、而還沒成功又有哪些因素呢？

　　或許你注意到了，上一句我不是寫「失敗」，而是寫「還沒成功」，很多人覺得：「這還不是一樣，沒成功就是失敗啊。」但深究兩者帶給孩子的感受，就會發現有那麼一點點差別。「失敗」比較接近是定論，容易讓孩子以為，這項任務是自己能力不足或做不到，會歸咎於自己；「還沒成功」則傾向表示這件事尚未有定論，或許再有多一點時間、再找到其他方法就可以達成，會針對任務本身去思考，而非個人。「還沒成功」就是培養成長性思維一個很重要的環節，不要將成敗歸咎於自己，而是聚焦於如何讓過程更好。

　　這本《成長性思維學習指南》的內容豐富，提供的方向也相當實用，雖然因國情文化不同，而難以直接複製使用當中的範例與影片，但我也在裡頭獲得相當多的靈感，得以應用在正向復原力講座與工作坊上，例如透過書中的稱讚與批評的幾個例句，讓大家討論更適合自己的說法。相信家長與教育人士都能夠從書裡受益，不只是孩子，也在自己生命中成為不敗勇者。

推薦序
成長性思維是改變的動力

蘇明進（臺中市大元國小教師）

　　近年來，我對於「成長性思維」十分著迷，這主題不但讓我重塑多年來自己所持有的教學信念，同時也不斷思索該如何將這些收穫傳達給我的學生。

　　尤其是在最近幾場講座裡，雖然分享的主題與成長性思維無關，最後還是決定把這些內容又放回講座主軸裡。因為我發現，即便講述諸多的教學實例，若所持有的信念仍偏向定型化思維，不管是大人或孩子，都很難引發本質上的鬆動與改變。

　　在教學現場裡，看過太多的孩子及家長，以定型化思維來面對學習。孩子們總覺得「很難」、「很煩」、「我很笨」、「我就是學不會」，限縮了自己想要更進一步的前進動力。同時，家長若未能用成長性思維及時引導孩子，未能把每次評量結果視為學習的補救及動力，那麼孩子就會承受極大的壓力，在學習中一次一次感到挫敗，最終只能從學習中逃走。

　　我曾經按照《成長性思維學習指南》書中建議，在班級裡實施一部分課程，看到成長性思維帶給孩子們許多啟發。但在

《成長性思維行動指南》書中，有著更詳細、更具體的教學步驟，書中將成長性思維拆解成四十五堂課，由簡易入門到延伸應用，讓孩子們能夠更全面地反覆練習與實踐。

還記得前陣子，有位家長拍下孩子所寫的一篇作文並傳給我，這篇作文題目是〈最受用的名言〉。男孩現在已是高一生，我還記得小學的他，是一位天資聰穎、但總是對班上事務冷淡、對學習提不起興趣的資優生。意外的是，畢業多年後的他，在作文裡寫下這些文字：

「我一直都有個毛病，就是懶、叛逆，我認為不想做的事情，我絕不多耗費一絲一毫的力氣去做。但記得六年級班導總是苦口婆心地說著：『永遠要用成長性思維去做事，不能用定型化思維去想事情。』老師的忠言總能夠出現在我的腦海中，時不時地提醒著我，儘管如今我已經是高中生了，但這句話還是能夠時時刻刻幫助著我。」

原來，當時對他們苦口婆心地叮嚀，以及為孩子們精心設計的課程，雖然看似未能有即時的顯著效果，但不知不覺中，卻已烙印在孩子們的心靈裡。

人生不會總是一帆風順，面對未來的許多挑戰與挫折，需要有勇氣同行。而那源源不絕而生的勇氣、不放棄的恆毅力，就是來自內在所持有的成長性思維。

請跟我一起在教室裡進行成長性思維的實踐，那是送給孩子們最好的未來祝福。而我們自己也在實踐的過程中，得到更珍貴的禮物！

前言
兩種思維

　　二〇〇六年，史丹佛大學心理學教授卡蘿·杜維克（Carol Dweck）出了一本書，書名是《心態致勝：全新成功心理學》（*Mindset: The New Psychology of Success*）。在這本探討人類如何成功的逾三十年研究紀錄中，杜維克詳述她在實驗對象身上所發現之簡而有力的「兩種思維」理論，她稱之為「定型化思維」（fixed mindset）與「成長性思維」（growth mindset）。[1]

　　● **定型化思維**：相信我們天生擁有固定數量的智力與才能。抱持定型化思維的人傾向避免挑戰和失敗，因而喪失富有體驗與學習的人生。[2]

　　● **成長性思維**：相信透過練習、毅力及努力，人可以擁有無限的學習與成長潛力。抱持成長性思維的人面對挑戰泰然自若，毫不在乎是否犯錯或丟臉，而是專注於成長過程。[3]

　　定型與成長這兩種對立思維，存在於每個人心中，而我們選擇透過成長或定型化思維的眼光來觀看生活中各種面向，可能造成極大差異。在《心態致勝》中，杜維克指出，所有人都

是以成長性思維展開生命的。確實，嬰兒是成長性思維的最佳寫照。他們不在乎說的話是否毫無意義，因為他們正在學講話。如果走幾步路跌倒了，他們會隨即站起來，因為他們正在學走路。

「是什麼終止了這樣旺盛的學習力？」杜維克在書中問道。「是定型化思維。當兒童開始能夠評估自己時，有些兒童就變得害怕挑戰。他們開始害怕自己不夠聰明。」

本書靈感來自杜維克精采的作品及研究，並提供建議與方針給想要善用成長性思維力量的教師。基於實務教學經驗，我們全然相信杜維克的理論：教室裡的成長性思維能夠顯著提升學生成就。身為教師，我們每天都有機會鼓勵學生及學校社群成員建立成長性思維。在本書中，我們試圖闡明提供學生機會培養成長性思維的特定領域，並提供實用策略，給想要把握這些機會，竭力促使學生達成目標的人。

如何使用本書

本書目的是做為有志在教室裡創造成長導向環境的教師指南。從傳統教學及評量模式轉型為成長性思維模式的教室，需要投注大量心力。我們寫這本書，是為了幫助教師將這項任務拆解為可達成的小部分，逐步落實成長性思維教育的各領域。

書中許多人名以及可能透露身分的細節均已做更改，以保護學生及同事的身分。同時，我們的教學經驗雖然豐富且充

實，但多半是在偏鄉的低收入學校進行，學生組成主要為白種人及美國原住民，教室氛圍可能不同於處在都會區、特許學校、宗教學校等其他背景的教室。我們明白，對我們有效的方案並不一定適用於每種情況，因此我們鼓勵你因應需求，調整和修改書中的資源、工具及策略。

　　本書每章均對應全學年中的一個月份；每個月份均有一個成長焦點主題，並涵蓋強化成長導向課堂的策略。每個月份，你將會跟學生、家長及教師們共同參與，培養你自己、課堂成員及學校董事會的成長性思維。一開始，我們會仔細說明教導學生成長性思維的過程。一旦學會基本原理，你與學生便能花一學年的時間一同發展成長性思維，並在每個月深入探索我們所指明之成長導向課堂的重要領域。一學年結束時，你的學生將擁有多面向的成長導向體驗，也能運用他們習得的技巧，邁向之後的學習旅程。

　　記得，在教學上採用成長性思維，永遠是一項進行中的未完工程。融入新的課堂精神是項大工程！一路上會出現失敗、錯誤和挫折，但記得以成長性思維面對，明白每個絆腳石都是學習新事物以及改進方法的機會。或許並不容易，但我們保證，絕對值回票價。

本書的架構

　　如同先前所提，本書每章均配合全學年中的一個月份。如

果你是在二月份取得本書，別擔心，就從頭開始，在可行之處執行成長性思維策略。這並非「非全有即全無」的教學法。創造成長性思維課堂沒有單一正解，已有教師運用各式各樣的工具及策略來開發和鍛鍊學生的成長性思維。對我們來說，重點不在於你是否亦步亦趨地遵循本書，而在於你是否找到對你和你的學生有效的方式。

　　每個月份均以每月箴言開始。我們熱衷於「跟著我複誦」的箴言，這是你和學生要一起念一整個月，專注貫徹的每月成長目標宣言。依據我們的經驗，複誦宣言有助於在學生心中鞏固宣言的真實性。回想你在學生時代特別具有挑戰性的一堂課。如果當年你和教師與同學在那天一開始就一起念「人人都能學！」你會不會對自己精通課程內容的能力更有信心？我們認為就是如此！我們已看過自己的學生把課堂箴言融入日常交談中。有一天，你會在無意間聽到孩子靠向遇到困難的同學身邊耳語：「繼續試，人人都能學！」這感覺將會棒極了。

　　除了每月箴言，每章均有特定目標。我們提供科學研究、課堂趣聞、課程規劃，以及幫助你探索在不同教學領域運用成長性思維的祕訣與策略。

　　以下來看看每章涵蓋的內容。

第一個月箴言：教育是練習，不是完美

　　我們在第一章深入探討思維。你會熟悉兩種思維的定義和特質，並讀到以成長及定型化思維教學的趣聞與範例。我們會

請你設定目標、反思與思考未來，好讓你能開始想像你的成長
導向課堂將會／不會是什麼模樣，以及你必須做什麼樣的努力
和調整以達成目標。

　　成長性思維注重過程遠大於追求完美。讀完這一章，你不
會擁有無懈可擊的成長性思維，或萬無一失的培養他人成長性
思維的計畫。我們仍在朝這些目標努力邁進！不過有個小祕
密：分辨你是否擁有成長性思維的最佳方式是什麼？就是你仍
然將自己視為在製品。

第二個月箴言：人人都能學！

　　如果成長性思維的中心思想必須用五個字以內做總結，
便是「人人都能學！」這表示所有人都擁有同樣的潛力嗎？
不是。這表示所有人都能夠在任何特定領域獲得同等的成功
嗎？不是。這表示只要我們努力嘗試，所有作業就都能拿高分
嗎？不是。我們說「人人都能學」時，只是單純表示，每個人
都有發展、成長，以及在任何特定領域成功的潛力。

　　這個月，你必須努力說服學生，無論他們認為自己的智力
或技能處於什麼程度，透過勤勉與毅力，他們就可以超越自
己。這個月完全著重在為成長導向的一年定調。我們提供詳細
的課程計畫，幫助你教導學生分辨成長與定型化思維，並說服
他們，每個人都有成功的能力。

第三個月箴言：我的大腦像肌肉一樣會成長！

你已經教導學生成長與定型化思維之間的差異，但他們渴望獲得更多資訊。例如，我們的腦袋到底是如何學習與成長的呢？這個月，我們討論成長性思維背後的科學。神經可塑性（neuroplasticity）是指我們腦部的可塑特質。你會深入探索神經元（neuron）和樹突（dendrite）的世界，並帶領學生來一趟腦部深度之旅。到了月底，他們將了解腦部就像肌肉一樣，透過規律練習，也會成長茁壯。

第四個月箴言：我是這個學習團體的重要成員

這個月的重點是建立關係。以成長性思維面對挑戰和艱難的學習任務，可能會令學生提心吊膽。他們會懷疑：「如果我失敗了怎麼辦？我會受到評斷嗎？大家會覺得我很笨嗎？」學生必須相信他們的課堂是一個安全的地方，可以在那裡冒險學習。我們提供和學生、家長、同事建立緊密關係的訣竅及點子，因為當你為有意義的關係建立了堅實的基礎，學生就能夠展現弱點，敞開自我以接受新的挑戰。唯有此時，他們才能展翅上騰，飛到最高點。

第五個月箴言：我們愛挑戰！

抱持成長性思維的學生會積極面對新的挑戰並克服障礙，但如果你在課堂上並未提供具挑戰性的任務，思維也變得無關緊要了。在這個章節，我們探討在課堂上充分挑戰班上每位學

生的必要性，也討論對每位學生懷抱高度期許的重要性。學習上的挑戰及高度期許，皆是成長導向課堂的特色。

　　這個月，我們討論如何執行成長的具體計畫，以及向學生和同事溝通期望的目標，這目標不但將為整個學年定調，也將成為如何在學習情境中保持成長性思維的遵循架構，因為做困難的事就是在幫腦部做運動。

第六個月箴言：意見反饋是禮物，接受吧

　　意見回饋是建立成長導向課堂的關鍵要素。杜維克的許多研究均著重於讚美孩子對某事付出的努力，而非讚美他們「天生的」特質及才能。

　　本月，我們深入探討「個人讚美」（person praise，如「你好聰明」）與「歷程讚美」（process praise，如「你真的很努力做這件事」）的概念，並提供教師在課堂上融入歷程讚美的策略。學生也應當具備這樣的技巧，提供彼此適當而有益的讚美與批評。只會以紅筆打勾或閃亮貼紙的形式提供意見回饋的教師，錯過了幫助學生探索可以採取的改進步驟，以及建立努力與成功兩者之關連的寶貴機會。提供具體、適時、有目的且持續的意見回饋，對學生成長性思維帶來的影響，可能超越你在這一年當中所做的任何其他事。

第七個月箴言：沒有計畫的目標只是願望

　　學習如何設定目標與擬訂達成目標的計畫，在成長導向課

堂非常重要。沒有設定目標這個關鍵要素，學生就不會專注於他們的學習方向。設定目標對於發展恆毅力這項個人特質也相當重要。恆毅力的觀念近來在教育界廣受歡迎。

在此，我們探討何謂恆毅力，如何教導學生恆毅力，以及如何藉由協助他們追求值得投注熱情與堅持的目標，來幫助他們發展恆毅力。

第八個月箴言：錯誤是學習的機會

第八個月，你要在教室裡盡力讓錯誤常態化。在成長性思維中，在學習上犯錯及克服障礙都只是通往精熟之路的一部分，但學生往往因為害怕犯錯而避免接受挑戰。我們會分享把學生的錯誤重新定義為寶貴學習機會的方式，也提供輔導學生經歷挫折的點子。學習不應當是一塵不染，而是一團混亂，充滿高山低谷等意想不到的困難，前進兩步，就倒退一步。在成長性思維裡，你不僅預期錯誤可能發生，並且欣然接受錯誤，將其視為學習過程中不可或缺的一部分。我們也將討論在教室裡製造機會經歷「建設性失敗」的策略。

第九個月箴言：「不知道」跟「還不知道」有差別！

「還沒」是具有重大意義的小詞彙。這個月，你會學到「還沒」的力量能如何強化學習上的成長性思維，甚至會遇到有些教師用「還沒過」取代成績。這是透過有目的的形成性評量（formative assessment）和總結性評量（summative assessment），幫助你擬訂計畫，在課堂中融入「還沒」的力量，同時提供評量的另一種方式，強調精熟勝過字母等級。我們也提供方法，讓你能夠授權給學生主導學習，提供他們藉由批判思考解決真實問題的機會，並幫助他們練習與真實世界相關的必備技巧。

第十個月箴言：我做得到！

　　該是把學生送回家放假的時候了。但你如何確保他們的成長性思維訓練不會在暑期走下坡呢？本章是關於如何為學生「裝備工具」，讓他們在離開課堂後，仍能繼續在學習及個人生活上運用成長性思維。我們會教你自我對話的重要性，並訓練你如何藉由幫助學生擬訂計畫，來控制他們腦海中的定型化思維想法。最後，你會幫助學生建立一個在暑假運用成長性思維的計畫，以加強你的思維教學。

第十一個月箴言：如果我不照顧自己，就沒辦法照顧別人

　　這是反思、放鬆和再出發的月份。我們詳細示範由問題和提示組成的引導式日誌，幫助你深度反思你的成長性思維體驗。我們也討論在暑假不斷精進自我（或照顧個人需求）的重要性，在辛勤工作一年後，培養健康的習慣，讓你的身心靈重新出發。

第十二個月箴言：新的一天是新的成長機會

　　暑假是你脫離教學模式，完全進入學習模式的大好機會。這個月充滿了成長性思維資源，你可以運用在進一步的訓練，另外還有在日常生活練習成長性思維的祕訣與策略。我們也建議你透過推特及其他社交媒體平台，發展個人線上學習網絡，以拓展你的支持基礎，加深你的知識源頭。

　　本書是你發展個人成長性思維及培養學生成長性思維的旅程指南。重要的是，要了解這趟旅程沒有終點。正如杜維克所寫的：「通往成長性思維的路徑是一趟旅程，而非一則宣言。」換句話說，如果有人明確地宣告「我有成長性思維」，那個人是在騙你。思維不是非此即彼的東西。每個人都有定型化思維和成長性思維，只是取決於在各種特定情況決定採用何種思維。即便你已經能夠高度掌握成長性思維，也大可放心，定型化思維仍然根深柢固地存在於你的腦裡，等著召喚你投入它的懷抱，避免面對挑戰或沉陷於失敗中。透過本章描述的歷程，我們盼望能教導你如何採用成長性思維並抑制定型化思維，加強必備的技巧與策略，活出致力於學習與成長的人生，並使用我們的工具，培養學生的成長性思維。

成長思維海報和
金句模板免費下載

第
一
個
月

教育是練習，不是完美

譬如為山，未成一簣，止，吾止也。
譬如平地，雖覆一簣，進，吾往也。——孔子

☑ 了解什麼是成長與定型化思維。

☑ 回想以前你所經歷的教師思維。

☑ 設定目標，在接下來的學年度中融入成長性思維。

心態致勝的類型

　　多年來，人們聽信一種觀念，就是某些天生的能力和素質是固定的。你可能聽過某人說：「我沒運動細胞」或「我跟數學無緣」，甚至你自己就曾說過類似的話語。到近期為止，有許多人已經接受，自己有某些部分是無法改變的。就像報章媒體中所呈現的「書呆子」、「運動狂」、「傻瓜」等典型形象，更助長這種觀念大行其道。有些人就是注定會得到他人望塵莫及的某些成果——直到史丹佛大學（Stanford University）心理學教授卡蘿·杜維克（Carol S. Dweck）的《心態致勝：全新成功心理學》（*Mindset：The New Psychology of Success*）問世，全球數百萬人拜讀了為止。[4]

成長性思維與定型化思維

　　在《心態致勝：全新成功心理學》中，杜維克列舉她和研究團隊透過多年研究所收集到的種種證據，證實了一個簡而有力的理論：人類的智力、創意、體能及其他素質，並不是與生俱來的固定特質，而是可以透過時間和努力加以改變的可塑特

質。杜維克在研究中指出兩種所謂「思維」的類型：成長性思維與定型化思維。

● **定型化思維**：認為智力及其他素質、能力和才華是無法加以大幅發展的固定特質。

秉持定型化思維者通常自年幼時就相信一種觀念：像智力、才華和能力這樣的東西，都屬於固定天性，是無法改變的。定型化思維相信人們在任何領域均擁有一定數量的才能和智力。換句話說，如果你不是在某方面天賦異稟，或不能立即進入狀況，那最好還是趁早放棄。通常秉持定型化思維者會非常努力凸顯他們「天生」優異的領域，而掩飾表現平平的領域。

● **成長性思維**：認為智力及其他素質、能力和才華是可以透過努力、學習與專心致力而發展的。

抱持成長性思維者看待自己的方式，與秉持定型化思維者截然不同。在傾向成長性思維者眼中，像智力、藝術及運動能力這樣的東西並非固定特質，而是可以透過時間和努力而改變與進步的素質。成長性思維者通常會假設我們每個人的素質並非天生固有，或是注定只能得到一定數量，而是取決於我們的學習意願、努力及毅力，導致我們擅長於某些領域。成長性思維並不接受世上有「數學人」、「創意人」或「運動人」的觀念，而相信透過勤奮與毅力，任何人在任何領域上都可以取得成功。

當一個人學會運用成長性思維，強大的成長動力便成為主

導。失敗不再被視為沮喪與羞愧的代名詞，而被視為精進的機會。成長性思維並未忽略某些人可能在某些方面擁有較多天賦的事實，我們都看過似乎生來就是美聲歌手、巨砲打者，或具有超齡閱讀天賦的孩子；相反的，成長性思維了解天賦可以透過經驗及努力而增強，藉由韌性而培養，且不論起點如何，最後總能走向成功之道。

這是否表示我們每個人都只要多上幾堂歌唱課，就可以成為下一個愛黛兒（Adele）？絕對不是。這只是表示，如杜維克所說：「一個人的真實潛力是一種不可知的未知數，因此無法預測投注多年的熱情、辛勞與訓練，將有何等成就。」[5]

成長性思維的成功範例
↓

歷史上載滿了許多關於成長性思維的典範，他們是勤奮努力、拒絕放棄，克服一切困難，逆轉勝的成功人士。美國史上不乏這樣的人物故事，例如為了追尋更好的生活，前往西部蠻荒，與嚴酷環境奮力搏鬥的拓荒者；或是民權運動家，為對抗奴隸制度結束後仍然長久忍受的體制壓迫，他們挺身而出，甘冒極大的個人風險，不屈不撓地努力尋求改變。

成長性思維在個人故事中也屢見不鮮，他們是努力實現夢想的開創性人物。

奧運田徑明星威瑪・魯道夫（Wilma Rudolph）是出生於一九四〇年代在美國田納西州的早產兒，在家中二十二個孩子

裡排行二十。在與猩紅熱及小兒麻痺症搏鬥後，年僅六歲的她就喪失了左腿功能。母親每週帶她接受治療，兄弟姊妹也天天為她按摩腿部。當魯道夫九歲時，已經擺脫左腿支架，開始活動。爾後，她的雙腿為她摘下一九六〇年的羅馬奧運金牌。[6]

記得《豪情好傢伙》（*Rudy*）這部電影嗎？該電影取材自魯迪・休廷傑（Rudy Ruettiger）的真實故事：一名來自美國伊利諾州喬利埃特市（Joliet）的勞工階級孩子，他的童年夢想是進入聖母大學（University of Notre Dame）就讀。儘管患有閱讀障礙並遭聖母大學拒絕三次，魯迪最終獲得這所名校錄取，並以加入美式足球校隊為目標。憑藉他所展現的不屈不撓敬業精神，身高僅 167.6 公分的魯迪終獲青睞，躋身球隊，後來如願參加一場比賽，在最後三次的球隊攻防戰裡，寫下大專盃美式足球賽史上最令人難忘的一次四分衛擒殺。[7]

美國最高法院法官索尼雅・索托瑪約（Sonia Sotomayor）成長於紐約布朗克斯區（Bronx）的扶貧專案，母親是波多黎各孤兒，父親只有小學三年級學歷。她的母親強調敬業精神與教育是通往成功的不二法門，於是小小年紀的索尼雅孜孜不倦地用功學習，即便面臨父親酗酒早逝所帶來的影響，與自己罹患糖尿病的病情，最終仍獲得常春藤盟校學位。索尼雅將成功歸功於一路上幫助她的人，但顯然她的勤奮努力以及願意面對任何挑戰或障礙的態度，才是造就她不凡旅程的主因。[8]

居禮夫人（Marie Curie）則是另一名成長性思維的典範。她誕生於飽受戰爭蹂躪與政治攻擊的波蘭華沙，當地女性，特

別是波蘭女性，不被允許接受高等教育。居禮夫人必須自己製造機會，通常冒著極大的個人風險，去學習數學、化學及物理等等她所喜愛的科目。後來，她成為史上第一位贏得諾貝爾獎的女性。[9]

馬拉拉・優素福扎伊（Malala Yousafzai）是一名熱衷學習的十歲巴基斯坦女孩，當時塔利班 ＊編注1 武力滲透她居住的區域，禁止女生上學。馬拉拉對受教權的堅定信仰，驅使她開了匿名部落格，寫出她對上學的渴望，迅速成為被剝奪受教權的巴基斯坦女性代言人。她十五歲時搭公車返家，被塔利班武裝份子攔下；一名士兵上了車，質問誰是馬拉拉，然後向她的頭部開槍。儘管困難重重，馬拉拉仍在攻擊下倖存，拒絕讓子彈封住她的口，並加倍努力為爭取平等受教權而戰。二〇一四年，馬拉拉成為諾貝爾和平獎史上最年輕得主，直到今天，她仍持續代表全球女性追求平等受教權而發聲。[10]

思維決定每個人的生活面向

↓

建立成長性思維者能在面對挫折或阻礙時，具有較高的韌

＊編注1　塔利班，或譯塔勒班，意譯為神學士，是發源於阿富汗坎達哈地區的伊斯蘭原教旨主義運動組織，信仰伊斯蘭教遜尼派。該組織興起於一九九四年，一九九六年在阿富汗掌權後，以嚴厲的伊斯蘭教法統治阿富汗。二〇〇一年九一一事件發生後，美國率領北約入侵阿富汗，塔利班伊斯蘭政權被推翻。此後塔利班份子以游擊隊的形式分散在阿富汗，與新政府及多國部隊對抗，更把戰火蔓延至巴基斯坦。

性。畢竟成長性思維者享受的是學習過程，而不是成就。

　　當秉持定型化思維者沉醉於看似不費吹灰之力就能學會，以及達到目標而獲得的成功與讚賞，抱持成長性思維者卻不滿於表象的成就。當失敗無可避免地降臨在定型化思維者身上時，他們的應對能力將弱上許多。因為在他們看來，這證明了他們個人的不足之處，而不是有待克服的挑戰或是要去穿越的阻礙。相反地，當失敗降臨在成長性思維者身上時，他們會將它視為可以再試一次的學習機會。

　　一個人抱持的是成長或定型化思維，或許看似小事，但試想，思維其實存在於我們生活中的每個面向。從做決定、設立生涯目標、談戀愛到為人父母，我們的思維深深影響我們觀看世界的角度。而歸根結柢，我們的思維也影響我們周圍的人。

檢測你的日常思維

　　在《心態致勝》中，杜維克告訴讀者，當他們愈是認識兩種思維，愈會開始看見：「相信你的素質無法改變，會導致何種一連串的思想與行動；以及相信你的素質可以培養，會導致何種一連串的思想與行動。[11]」杜維克基於研究觀察所建構的思維論述顯示：與秉持定型化思維者相較，抱持成長性思維者毫無疑問地會經歷到不一樣的、可說是更好的成果。

　　花點時間想想你自己的思維。你表現的是成長或定型化思

維的特徵呢？最可能的情況是，兩者皆有。

　　成長與定型化思維是存在於一個「光譜（spectrum）」上交叉分支的概念，即便你意圖成為完全體現成長性思維的典範，但卻可能永遠都只在朝向理想邁進的路上，難以達成。為什麼呢？在於我們必須承認和接受的是，每個人都是成長與定型這兩種思維的混合體，雖然是透過刻意或練習的方式使成長性思維以近似直覺反應呈現。但我們在展現成長與定型化思維時，可能會出現一種看似二進式的思維，因為這思維並不是非此即彼的觀點。

　　所有人都擁有兩種思維；重點在於你在某種情境傾向於預設何種思維。比方說，一個人可能在學習新語言時抱持成長性思維，但在減重時卻抱持定型化思維。即便是成長性思維專家杜維克，也在書中揭露自己不時陷入定型化思維的陷阱中。[12]

　　在我們討論如何將成長性思維帶進你的課堂以前，重要的是先要了解你的思維落在光譜的哪一個區段。以下列出一系列敘述，請在所有你同意的敘述前打勾。

日常思維估評表

_____　1. 有一些事是我永遠都不可能拿手的。

_____　2. 當我犯錯時，我試著從中學習。

_____　3. 當他人做得比我好時，我感到備受威脅。

　　_____　4. 我喜歡走出舒適圈。

　　_____　5. 當我在他人面前展現我的聰明或天分時，我會覺得很有成就感。

　　_____　6. 他人的成功使我大受激勵。

　　_____　7. 當我可以做到他人做不到的事時，我感覺很好。

　　_____　8. 改變你的智力是有可能的。

　　_____　9. 你不該嘗試變聰明，你要不就是天生聰明，或者就不聰明。

　　_____　10. 我喜歡接受我不熟悉的新挑戰或任務。

　　在這份評估表中，單數題敘述（1、3、5、7、9）象徵定型化思維，雙數題敘述（2、4、6、8、10）則說明了成長性思維。先知道你的起點為何是重要的，但無論你比較符合定型或成長性思維、或混合兩種思維，本書的目標不變，也就是要鍛鍊你的成長性思維，並將其運用在你的課堂上。再者，我們從多年的成長性思維研究得知，你在這方面的成長與改變能力，取決於你願意投入多少努力。

五種情境反應

　　杜維克發現，抱持不同思維的人，往往會在五種主要領域出現行為反應上的分歧。這五種領域是：挑戰、阻礙、努

力、批評，以及他人的成功。[13]

　　定型化思維對這五種情境的反應，一般來說跟這個人想要看起來聰明以及避免失敗有關；成長性思維對這五種情境的反應，比較可能來自於這個人對學習與進步的渴望。我們來看看定型與成長性思維對這五種情境的反應（見表格一）。

表格一：定型與成長性思維對應五種情境的反應

情境	定型化思維	成長性思維
挑戰	避免挑戰以維持聰明的表象。	接受挑戰，因為渴望學習。
阻礙	面對阻礙和挫折就放棄，是常見的反應。	面對阻礙和挫折時展現毅力，是常見的反應。
努力	必須嘗試或投注心力被視為是負面的；如果你必須嘗試，你就不是非常聰明或很有天分。	勤奮工作與投注心力是達到目標與成功的必經之路。
批評	無論負面回應多麼具有建設性，也一概忽略。	批評的提供，是有助於學習的重要意見反饋。
他人的成功	他人的成功被視為威脅，並引發不安及脆弱的感覺。	他人的成功可以是激勵與啟發的來源。

校園中的成長性思維

　　既然你已了解何謂成長性思維，你可能會想知道，思維科學對教師有何意義。竭力建立成長性思維的教師與在定型化思維下工作的教師之間有極大的差異。

　　我們來看看定型化思維的教師可能會有的自我對話，與成長性思維教師的自我對話相較之下如何（見表格二）。

　　看見了其中的差異嗎？

　　定型化思維的教師將情境視為無法改變，例如：不良的課程規劃就是澈底失敗，永遠不再使用；黏人的家長永遠都是煩惱來源；教師研習根本就是浪費時間。但成長性思維的教師卻以完全不同的觀點看待相同的情境，例如：不良的課程規劃只是實驗偏離了方向，只要稍微調整，下次就可以做得更好；黏人的家長不是黏人，他是投入，我們只是需要解決溝通上的問題；教師研習是學習新事物、與同事互動，以及花費必要時間去思考教學技巧的大好機會。

　　採用成長性思維通常就是指改變自我對話。你不放棄學生，而是找到更容易讓他理解的學習方式。你不認輸，而是想出解決問題的其他方式。你不讓忌妒或不足感成為焦點，而是專注於可以改進的部分。

表格二：定型與成長性思維教師的自我對話對照表

定型化思維	成長性思維
教師研習好無聊；我上這些課從來沒學到任何東西。	參加教師研習時，我會以開放的心胸聆聽並找到新點子。
這個家長快把我逼瘋了！他要我每天更新學習進度。	這位家長非常投入，我必須找到方法跟他有效溝通。
這個學生的數學不可能進步。	我要如何呈現教學內容，讓這名學生聽得懂呢？
這個學生閱讀能力很強；她不需要我的關注。	我應該研發更豐富的課程，讓這名學生在閱讀指導課感覺有足夠的挑戰性。
我永遠不會成為像她那麼好的老師。	我應該請她多多指導，這樣我就可以向她學習。
學生把這堂課搞砸了；他們就是不肯合作。	我要如何改變這堂課，讓它更吸引學生參與？
這個學生痛恨上學，我無能為力了。	我如何善用這名學生的興趣與熱情，吸引她投入學習？
這個學生家境貧困，沒希望畢業了。	我相信這名學生可以找到成功的出路，無論他的背景如何。

尋找每個人內心的成長性思維聲音

↓

在你讀完後續篇章後，你會發現我們撰寫本書有雙重目的。首先，我們想要幫助身為教師的你，向內省視，尋找並放大腦海裡成長性思維的聲音。事實上，我們每個人都擁有定型與成長性思維。或許你天生傾向定型化思維，那也無妨。祕訣在於，用你內在的成長聲音去回應內在的定型聲音，將挑戰與挫折重新定義為成長的機會，而非個人失敗。

再者，我們希望你能將內在的成長聲音在學校發揚光大。我們會詳細說明運用成長性思維的策略，來幫助你的學生、同事和家長接受挑戰、失敗及錯誤，不要懼怕它們。我們希望你和你周圍的人看見，只要投入耐心、努力與時間，在任何學習領域都可能成功。

抱持成長性思維的教師除了能從人際關係中受益更多、培養成長導向的學校文化，也具有正向影響學生表現的能力。在本書中，我們檢視教師如何運用成長性思維原則，使他的課堂、學校及社區變得更好。我們相信你的思維會改變你和周圍人們的相處方式，而這種思維是有感染力的。研究指出，當你可以讓學生相信，頭腦像肌肉一樣擁有成長茁壯的能力，便能促使學生擁有更強烈的學習動機、更強烈的求勝決心，以及更高的學業成就。[14]

成長性思維可以解決學校問題嗎？

↓

採取成長性思維可以成為解決全國教育體制問題的萬靈丹嗎？當然不行。

我們都知道，受限於貧窮及種族問題所帶來嚴重的成就落差（achievement gap）依舊存在 ★編注2，這樣的體制問題不能光靠著告訴學生要努力堅持不懈就能解決的。我們並不是建議教師和學校單單採用成長性思維，而排除其他解決成就落差及障礙的所有方案。正如杜維克在《教育週刊》（*Education Week*）中所寫的：「成長性思維試圖拉近成就落差，而不是隱藏。重點在於真實闡述學生的現有成就，然後有所作為，幫助他變得更聰明。」[15]

我們的立場是，成長性思維應當配合健全的教學法與完備的課程來實踐，而不是予以取代。讓孩子願意投注心力並相信他們可以成功完成學業，固然重要，但身為教師的我們，也必須提供吸引人、有價值、容易理解且有意義的學習體驗，好讓成長性思維能夠在學習成果上真正造成影響。

★編注2　成就落差，成就落差的問題早在一九○○年初期美國的相關研究中便已提出，主要指非洲裔美國人（African American）與歐洲裔美國人（European American）在標準化測驗上的表現差距。爾後的研究將關心的層面擴大，涵蓋了上述兩類學生在成績點數、高中畢業率、大學入學率、完成大學教育的比例等面向的差異。

　　成長性思維是一種思考方式，容許個人拋開對於失敗或是看起來愚蠢的恐懼，專注於學習，讓來自所有不同背景的學生都能不顧一切地奮力完成目標。

　　你能想像當學生相信他們的智力有限度時，上學會感到多麼受限嗎？當他們一遇到困難，就彷彿前方有一面大紅旗在揮舞，告訴他們最好放棄。教導學生成長性思維的力量，意味著擺脫他們曾加諸於自己身上的錯誤限制，為他們開啟前方的可能性，走向那些之前因為對自己的智力、才能及技巧存在著變形假設而認為無法企及的夢想。

　　當然，只有你可以控制自己的思維。面對挑戰時，成長與定型化思維所呈現的差異，往往來自內心的自語。你也許無法直接改變走廊另一頭那位教師的定型化思維，無法改變堅持自己「不是數學那塊料」的學生，也無法改變由於自身的負面經驗而不信任教育的家長，但是你能以一種激勵他人的方式，教導、示範及訓練成長性思維，讓他們看見自己的成功潛力。

你是最好及最差的老師？

↓

　　在談論本書理念時，我們訪問人們在學校就學時期的正面及負面經驗，很快就發現，即便當時不懂原理為何，多數人最糟糕的經驗，與定型化思維教師之間的互動有關，而許多最美好的經驗，則來自成長性思維導向的教師。

　　有人記得中學時代的教師是依成績優劣安排座位表，因

害怕被安置在前排，與被教師公開宣布為愚笨的小孩坐在一起，而引發焦慮，深受其害。這樣的教師，對於將失敗轉化為進步的機會不感興趣，反而強化了錯誤的想法：在同儕面前表現出聰明，比起無論何時才開始真實投入學習，更為重要。

還有人想起曾跟學校輔導教師討論升學問題。教師指出，根據該生成績，她顯然「不是數理人才」，應該專注發展寫作才華。這名學生是否天生適合走寫作這條路至今未知，但她說，在十七歲的小小年紀，便把教師的話照單全收，認定有關數理的任何事都不應考慮，因為那「不是我拿手的事」。她後來發現自己對數理產生強烈興趣，才明白自己不但具有學習數理的能力，也非常樂在其中。

我們接觸到的其他許多人也有類似經驗，定型化思維教育者的態度，對受教學生的人生之路帶來負面影響。不過，即使有許多故事訴說著定型化思維的教師嚴重破壞年輕人的信心與毅力，也有許多故事是關於成長導向的教師鼓勵學生在學習過程中堅持理想，克服挑戰的例子。

事實上，當人們談到最喜愛的教師時，往往會描述這些特質。現在，花點時間回想你最喜愛的教師 —— 為什麼你最喜愛這位教師？

我最喜愛的老師是＿＿＿＿＿＿，原因有三：

1. _____

_____

2. _____

_____

3. _____

_____

　　現在回想一位教學最沒成效或討人厭的教師。為什麼他不稱職或討人厭？

我最不稱職的老師是＿＿＿＿＿＿，原因有三：

1. _____

_____

2. _____

_____

3. _____

_____

　　你列出的原因當中，是否有任何一項落入成長或定型化思維的範疇？想想你最喜愛及最不喜愛、最有成效及最沒成效的教師是否抱持成長或定型化思維，以及這些思維是如何影響身為學習者的你。

成功人士影響最深的教師特性

　　美國聯邦教育部教學補助方案（TEACH grants）是結合公私立及政府機構，支援教學及美國教育的組織聯盟，他們曾訪問成功人士，請他們談論最喜愛的教師。看看你對最喜愛的教師難以忘懷的原因，是否和他們的描述雷同：

⊙ 美國前教育部長阿恩・鄧肯（Arne Duncan）這樣描述他最喜愛的高中英文教師：「她教學認真，挑戰我們。那並非易事。她從不討論你的極限、上限或做不到的事。她永遠在鞭策你。當你覺得自己夠好了，她會繼續鞭策你邁向下一個目標。」[16]

⊙ 美國職籃明星克里斯・保羅（Chris Paul）說：「費爾德女士是我十年級的生物老師。她可能在某個地方說，我在 NBA 表現得還可以，但如果我當年堅持下去，我會成為一位生物教師。當你遇到好心人告訴你，只要努力，一切都有可能，你就會在某人的生命中留下難以抹滅的深刻印象。」[17]

⊙ 美國前能源部長朱棣文（Steven Chu）描述他最喜歡的
教師看重學習勝過標準答案。「他不是教我們事實，而
是教我們學習過程。學習知道自己懂不懂一件事是最重
要的，這是我在他的課堂上學到的。這一課不僅跟著我
走過大學及研究所時代，也隨著我走過整個物理學家生
涯。」[18]

⊙「他總是說，教師或家長能給孩子最棒的禮物，是信
心。」曾獲艾美獎的女演員茱莉・路易絲－卓佛（Julia
Louis-Dreyfus）這樣談論她的高中物理教師柯恩先生，
「他甚至容許我們把實驗做得很好笑。所以我不會覺得
科學很可怕或令人卻步，我熱愛科學。」[19]

你看出共通點了嗎？當人們憶起最喜愛的教師時，通常不
是讓他們輕鬆過關或展現自己多麼了不起的教師；也不是讓他
們覺得某些科目或領域碰不得，因為他們沒有那方面天分的
教師。反之，最令人難忘及最有影響力的教師，則會鞭策與
挑戰學生。這些教師讓學習變得容易理解，看重並強調學習過
程，而不是只在乎成果。

這就是成長性思維的重點：練習與毅力是成功必經之路，
走出舒適圈、承擔新挑戰，並體認挫折與失敗，只是過程中的
一部分。

為你的成長性思維年做好準備

　　既然你已熟悉定型與成長性思維，也回顧了你自己的學生時代，思考在你生命中出現過的定型與成長性思維教師的特徵，現在是準備行動計畫、開始著手進行成長性思維年的時候了。

　　首先，針對發展成長性思維與培養他人的成長性思維，寫下 SMART 目標。運用相同的模式，寫出更多目標。

　　在教導成長性思維時，不免會有出現挫折的時候。當學生放棄時，需要付出無盡的耐心與決心去鼓勵他們嘗試新的對策。你需要改變給予讚美及意見回饋的方式，也需要與你遇到的每個人，展開刻意而有目的性的互動。

　　而這一切會值回票價。

我的成長性思維 SMART 目標

S 明確性（specific）：寫出你的成長性思維明確目標。

M 可衡量性（measurable）：寫出你計畫如何追蹤達成目標的進度。

A 可行動性（actionable）：寫出達成目標可採取的具體步驟。

R 務實性（realistic）：寫出你需要哪些資源及支援以達成目標。

T 及時性（timely）：寫出達成目標的期限。

以下是成長性思維 SMART 目標的範例：

（T）在開學第二週以前，（S）我要能叫出每個學生的名字，並知道他們每個人的一項課外興趣。（A）為達成目標，我要留心盡可能經常使用學生的名字，（R）並請學生填寫一份興趣列表。（M）我會在附有個人相片的座位表上記錄這些資訊，每週自行測試我的進度。

這項目標特定於建立與學生之間的關係。藉由自行測試每個學生的名字及興趣，可輕易衡量進度。這裡的行動項目包括盡可能經常在對話中使用學生的名字，並請他們填寫一份興趣列表。

其他適用於這項目標的行動步驟可能有：每天早上在教室門口跟學生打招呼時，叫出他們的名字；讓學生參加活絡氣氛的遊戲，請他們說出自己的興趣；製作一個「關於我的一切」互動布告欄，貼上每位學生相片及事蹟。這項目標十分務實，因為用兩週記住學生的名字是合理的時間範圍。如果是要跟全校學生接觸的圖書館媒體專員＊編注3，可能就需要較多時間。要確保你的目標是務實的！還有目標時間適中，不會將期限拉得過於久遠，且提供充裕的時間記住新資訊。

＊編注3　｜　圖書館媒體專員，全名為「School Library Media Specialist」，在圖書館裡主要扮演著三種不同的角色：資訊專家、教師、教學顧問，運用學校適切的媒體設備，協助學生及教師獲致良好的學習及教學效果。在美國，大部分的州之媒體中心專家必須通過考試或修習相關課程以取得教師執照。

現在換你來試試看！

首先，拆解你的 SMART 目標構成要素。

S _____

M _____

A _____

R _____

T _____

好了！現在就運用以上你所設定的 SMART 構成要素，在下方寫出你的成長性思維目標。

_____

_____

_____

_____

_____

_____

_____

_____

_____

_____

_____

第
二
個
月

人人都能學！

無論你具備何種能力，使該項能力發光並轉化為成就的，
是努力。——卡蘿 · 杜維克（Carol S. Dweck）

☑ 教導學生認識兩種思維。

☑ 將你的教室設為成長性思維區。

☑ 與家長、學生營造成長性思維氛圍。

成長性思維教學所帶來的影響

　　當艾希莉一進幼兒園，她的教師立刻知道自己面對了一個定型化思維個案。每當艾希莉遇到稍有難度的挑戰，她就會交叉雙臂，開始哭，然後跺腳離開。在完成作業的過程中，只要遇到一點困難，她就會宣稱：「我再也不要上學了！我學不會。這太難了。」

　　艾希莉的老師開始採取嚴密的成長性思維教學模式介入。每當艾希莉稍微做了一點努力就放棄，老師會鼓勵她再試一次。當艾希莉再試一次，老師會讚美她投入的努力。有一天，老師跟艾希莉談起定型化與成長性思維。她告訴艾希莉，接受挑戰並從錯誤中學習，是正面的學習態度。她告訴艾希莉，永遠不要為犯錯而感到懊惱，因為犯錯正是腦部學習與成長的方式。每當艾希莉犯錯或遇到挫折，老師就會說：「噢，看哪！你的腦袋在成長！」

　　漸漸地，艾希莉開始對學習有了信心。她會嘗試新事物，試圖結交新朋友，並用她過去不願意採納的方式，去面對學習及社交上的其他挑戰。艾希莉的老師向她展現了成長性思維的力量。在一學年結束時，這個曾經對凡事都興趣缺缺且充滿

防衛心的女孩，已經轉變為一個主動參與、滿懷好奇的學習者，並對自己克服艱難任務的能力深具信心。

　　研究指出，教導學生成長性思維的概念，能對學生的成就帶來正向影響，就如上述艾希莉的例子。事實上，研究者發現，只要一堂短短四十五分鐘、有關腦部發展與思維的課程，就足以看見成效。[20]

教導成長性思維之價值的相關研究

↓

PERTS（The Project for Education Research That Scales，拓展教育研究專案中心）是史丹佛大學的一間應用研究中心，致力於研究學習動機。包括杜維克、以研究思維著稱的心理學教授大衛・葉格（David Yeager）及著有《數學思維》（*Mathematical Mindsets*）一書的作者喬・波勒（Jo Boaler），均是 PERTS 的研究夥伴。其中《數學思維》更是有志運用成長性思維教授數學的教師必讀刊物。PERTS 做的研究多半專注於思維。該中心執行長大衛・伯尼斯庫（David Paunesku）及研究團隊於二〇一五年發表了一份探討思維訓練的報告，為提升學生動機及成就，提出了一套切實可行的方法。

　　伯尼斯庫及研究團隊想要設計出一種增進學習成就的方式，不只能在某所特定學校奏效，更能擴展到全國各校。研究者為了增進學生成就，以兩種方式的心理介入（psychological intervention）模式進行測驗。[21]

　　第一種被稱之為「目的感」（sense of purpose）介入模式，該模式幫助學生了解他們所受的教育，將如何協助他們達到遠程目標。基本上，這回答了學生常問的「為什麼」：為什麼我要學習？為什麼做這個作業很重要？

　　第二種是「思維」（mindset）介入模式，讓學生學習成長性思維。具體而言，就是每個人都有學習能力，而學業上的困難與挑戰，只是學習過程中的一部分，不代表失敗或有所不足。

　　參與這項心理介入模式的學生當中，約有三分之一被列為高中即將退學的高風險群。在觀察這些高風險學生的成績後，研究者發現，接受介入模式的學生其平均分數顯著提升。

　　另一項研究也顯示，思維訓練、提升成績及參與度之間有高度的關連性。研究發現，受過思維訓練的學生其測驗成績表現明顯進步，而受過訓練的女生數學成績勝過未受訓練的女生。這可考慮做為未來的教學策略，以拉近數學教育長久存在的性別差異。[22]

　　還有一項研究發現，在學習成長性思維且學業成績表現進步的學生中，尤以非裔美籍學生明顯進步，並表示在接受思維訓練後，他們更重視也更享受學校生活，顯示這有可能做為未來縮減種族成績差異的教學策略。[23]

　　所以這些研究傳達了什麼訊息？這是在告訴我們：學習成長性思維的學生，學到了他們有能力在各個領域達成目標，並證明確實如此。因為他們接收到的訊息是：大腦有能力成

長，但必須受到驅策及鍛鍊，才能經歷到成長。學生一旦接收這項訊息，便有能力應用在學校的課業上。換句話說，當學生被教導「每個人都有能力在各個領域達成目標」，他們就會以更快的速率達成目標。

關於全球成長性思維教材的資源

↓

這樣觀點上的微妙轉變，造就了極大的差異，令我們不禁好奇：如果學生僅僅接受一堂短短四十五分鐘的介入模式就能表現進步，那麼當他們持續接觸一年的成長性思維課程時，會有何改變？

在課堂上採用成長性思維的一個重點是，要確實教導學生成長性思維是如何構成，以及如何善用其力量。我們知道，在早期教育學生健康飲食及營養的重要性，可以幫助他們避免日後肥胖及衍生相關的健康問題。我們知道詳盡的性教育與降低青少年懷孕風險相關。但是關於了解我們的身體如何學習，以及我們的大腦如何被激勵達成目標，卻鮮少被討論。學生和教師每天應該在做的事——致力於學習與成長過程——卻是我們從未費心討論過的話題，這不是很有意思嗎？因此，我們認為該是改變的時候了，而我們並非孤軍奮鬥。

當研究結果指出成長性思維介入模式與學生成就呈現正相關後，PERTS 發展了一個思維工具箱（Mindset Kit，網址為 www.mindsetkit.org），對於有志教導學生成長性思維的教育工

作者來說，是絕佳的起點。他們有免費的網路課程規劃、活動及影片，可供教師取用。PERTS 也跟知名的個人化學習組織、擁有數千支涵蓋廣大領域教學影片與課程的可汗學院（Khan Academy），合作推出成長性思維課程計畫。他們還提供了資源圖書館，教師可以張貼及分享成長性思維的教材。這些都是取得成長性思維教材的好地方，我們鼓勵你一一探索。在本章末，我們也會分享一系列有助於教導思維的資源供你參考。

教你做好成長性思維的課程規劃

　　以《心態致勝》一書及線上思維工具箱為靈感來源，我們發展出了一套自己的成長性思維課程規劃。還記得我們的每月箴言嗎？人人都能學！我們不只希望孩子能把這句箴言說出來，更希望他們打從心底相信！你可能有許多學生像艾希莉一樣，已經懷有根深柢固的定型化思維，不花費功夫說服，不會輕易接受「人人都能學」的概念。

　　因此，以下我們整理出這套課程計畫，在你建立成長導向課堂的旅程中引導你。成長性思維非常簡明易懂，從幼兒園到大專的學生，都能輕易理解其精神與實踐方法，但教導成長性思維並沒有一體適用的方法。因此建議你考量你的學校文化、學生特質及課堂氛圍，然後將這套計畫予以修正及變化，讓它對你和你的學生產生效果。

成長性思維的課程計畫書

學習目標

當這堂課結束時，學生將能夠：

⊙ 解釋成長與定型化思維的差異。

⊙ 辨識成長與定型化思維的範例。

⊙ 了解人人皆是天生能夠學習，而每個人在學習過程中的
　狀況皆不同。

設計課程

↓

　營造學習氣氛與培養成長性思維，是促使學生達成目標的
必要條件。研究者及教師們已研發許多幫助學生欣然採納成長
性思維的方法。以下是一些點子，可以幫助你明確教導學生成
長與定型化思維，以及一些方法，可以幫助學生區分兩種思
維，還有一些關於學習與腦部成長的活動。

所需的資源與工具

⊙ 電腦及圖像投影設備

⊙ 連線到 YouTube 網站資源

⊙ 便於腦力激盪及建立網狀圖的白板或大型書寫檯面
⊙ 圖像組織（graphic organizer），包括行列化的 T 形圖及
　摺疊圖
⊙ 白板筆／蠟筆／鉛筆

基本問題

⊙ 我們如何學習新事物？
⊙ 為何擁有成長性思維對於學習非常重要？
⊙ 為何了解定型與成長性思維能幫助我們達成目標？

第一部分
達到「人人都能學！」的教學目的

步驟 1：事前反思

在觀賞影片以前，請學生思考下列問題，用畫圖或寫字的
方式作答：

⊙ 回想你學習某樣新事物的經驗。當時為了學習，你採取
　了哪些步驟？
⊙ 回想你某個失敗的經驗。你當時感覺如何？失敗後發生
　了什麼事？

教學 TIPS：選擇性延伸活動

如果你想進一步探索學生遇到成敗時引發的感受，可考慮進行延伸活動。學生可以製作四格漫畫、作詩或寫歌，或製作短片，詳加描述他們經歷的學習過程。

步驟 2：影片與討論

　　觀賞由可汗學院製作的影片《你能夠學習任何事》（*You Can Learn Anything*）。影片指出，莎士比亞在某個時間點，也必須學習英文字母，而愛因斯坦在某段時期也不會數到十。請學生舉例，提出各個領域的知名人士在成功之前，必須先學會的事物。比方說，小威廉絲（Serena Williams）必須先學會打中網球；馬克・祖克伯（Mark Zuckerberg）必須先學會打字。請學生主動分享他們想到的點子。

步驟 3：學生反思

　　年紀較大的學生可以分組製作行列式的 T 形圖（詳見下頁表格一），列出他們已經學會的事物，以及在學習那項事物之前所需要的必備技巧。

　　年紀較小的學生可以運用四格摺疊圖（詳見下頁表格二），畫出他們已經學會的事物，並在每格摺頁下方，畫出在

那之前必須先學會的事物。比方說，在摺頁外面，他們可能畫了足球，所以在摺頁裡面，他們可以畫走路或跑步，做為學習踢足球前的必備技巧。

姓名：_____

我已經學會……

表格一：**T 形圖範例**

我學會這個。	但是，我必須先知道這個。

表格二：**摺疊圖範例**

步驟 4：連結基本問題

這些活動適合用來讓學生回答我們提出的第一個基本問題：「我們如何學習新事物？」我們是透過在一個技巧上建立其他技巧、經歷錯誤而堅持不懈，讓腦部持續成長而學習。

步驟 5：解說

告訴學生一次你在學習新事物時經歷掙扎的經驗。詳細描述你當時為了克服挑戰而必須做的事，務必提到以下幾方面：

⊙ 你必須投入的努力。

⊙ 你運用的解決方案。

⊙ 你如何向他人尋求協助。

步驟 6：活動：思考、分組、分享

讓學生找一個同伴分享經驗。

鼓勵他們**回想**在學習新事物時曾遇到的困難，然後**兩人一組**，**分享**彼此的經驗、他們從中學到了什麼，以及後來的結果如何。每個學生分享一分鐘，然後讓學生輪流跟幾個同學討論他們的經驗。

教學 TIPS：第一部分結束

至此第一部分算已結束。你也可以結合課程的第一部分
和第二部分一起進行，或在下一堂課時進入第二部分課
程。

第二部分
導入認識「成長與定型化思維」的教學
↓

步驟 1：自我評估

運用下一頁的思維測驗，讓學生評估自己的思維。

評估結果：單數題敘述是定型化思維的特徵；雙數題敘述
是成長性思維的特徵。詢問學生並根據評估的結果，了解他們
是擁有定型化思維、成長性思維，或是綜合了兩種思維。

延伸活動：讓學生自己計分，單數題圈「對」者得一分，
雙數題圈「錯」者得一分。十分代表強烈的定型化思維；零分
代表強烈的成長性思維。將全班得分結果繪製成圖，以做為稍
後會使用到的視覺教具做呈現，以便解釋為何大多數人是兩種
思維的綜合體。

思維測驗

說明：請仔細閱讀**每項**敘述，判斷該敘述對你而言是對或
　　　錯。圈出你的答案。

1.　如果我必須很努力地做某件事，就表示我不夠聰明。
　　⋯⋯⋯⋯⋯⋯⋯⋯⋯⋯⋯⋯⋯⋯⋯⋯⋯⋯⋯⋯⋯　□對　　□錯

2.　我喜歡嘗試困難的事。⋯⋯⋯⋯⋯⋯⋯⋯⋯　□對　　□錯

3.　當我犯錯時，我感到困窘。⋯⋯⋯⋯⋯⋯⋯　□對　　□錯

4.　我喜歡人家說我聰明。⋯⋯⋯⋯⋯⋯⋯⋯⋯　□對　　□錯

5.　當某件事變得困難或令人挫敗，我通常會放棄。
　　⋯⋯⋯⋯⋯⋯⋯⋯⋯⋯⋯⋯⋯⋯⋯⋯⋯⋯⋯⋯⋯　□對　　□錯

6.　我不介意犯錯，錯誤可以幫助我學習。⋯　□對　　□錯

7.　有一些事是我永遠都不可能拿手的。⋯⋯　□對　　□錯

8.　任何人只要努力，都可以學會某些事。⋯　□對　　□錯

9.　人生來就有愚智平庸之分，無法改變。⋯　□對　　□錯

10.　盡力而為的投入會讓我很自豪，即便結果並不完美。
　　⋯⋯⋯⋯⋯⋯⋯⋯⋯⋯⋯⋯⋯⋯⋯⋯⋯⋯⋯⋯⋯　□對　　□錯

有多少「**單數題**」敘述你認為是對的？
答：對＿＿＿題，錯＿＿＿題

有多少「**雙數題**」敘述你認為是對的？
答：對＿＿＿題，錯＿＿＿題

步驟 2：探索思維

提出定型與成長性思維的定義：

定型化思維：認為智力及其他素質、能力和才華是無法大幅發展的固定特質。

成長性思維：認為智力及其他素質、能力和才華是可以透過努力、學習，與長期專心致力而發展的。

將以上定義張貼在教室顯眼處，方便學生參考。

回顧學生的自我評估結果。告訴學生，每個人都擁有定型與成長兩種思維，而這個學年，他們會學習促進成長性思維發展的策略。但首先，他們要進一步認識定型與成長性思維，這樣才能輕易辨識兩種思維，並區分兩者之間的差異。

步驟 3：思維分類

針對年紀較大的學生：請年紀較大的學生想想看日常生活中遇到的定型化思維與成長性思維範例，包括相關敘述、行為與態度。每個例子寫在一張便利貼上。

製作一張大型表格，列出下列四個標題：學校、人際關係、課外活動／嗜好、工作／家務。將表格張貼在教室周圍。

讓學生把寫在便利貼上的定型與成長性思維例子分類，分別貼在四個標題下方。定型化思維的例子可能有：「我不夠格加入籃球隊，所以不要試了」（課外活動／嗜好）；「我真的不是數學那塊料」（學校）；「她騙我，我再也不要相信她了」（人際關係）；「我在工作上一遇到不會做的事，就請老

闆示範給我看」（工作／家務）。

　　針對年紀較小的學生：對於年紀較小的學生，可以製作一張列有定型與成長性思維相關敘述及問題的表格（詳見表格三）。向全班朗讀每項敘述，然後一起判斷那是定型或成長性思維的敘述或問題。運用這個機會，明確教導定型與成長性思

表格三：敘述表範例

	成長性思維	定型化思維
聰明人比其他人容易學會一些事物。		X
如果你犯錯，大家就會覺得你不夠聰明。		X
老師評論我的作品，是為了讓我未來能做得更好。	X	
我的大腦沒辦法改變多少。		X
如果我努力，就可以讓我的大腦成長茁壯。	X	
任何人只要努力，都可以學習任何事。	X	
我可以從錯誤中學習。	X	
哪種思維會用「還沒」這個詞？	X	
哪種思維會用「不能」這個詞？		X
變得更好比得到好成績更為重要。	X	
＊以下表格可請學生提出他們自己想到的敘述或問題，一直填寫下去。		

維。比方說，第一項敘述是：「聰明人比其他人容易學會一些
事物。」告訴學生，我們每個人在學習上狀況都不同，而每個
人在學習過程中總會遇到困難。學生可以在表格中加入他們自
己想到的敘述。

步驟 4：選擇性延伸活動

如果你需要加強說明定型與成長性思維之間的差異，可考
慮進行以下的分類活動。

針對年紀較小的學生：讓學生分組，將一系列的定型與成
長性思維敘述卡予以分類。檢視每項敘述，討論該敘述與思維
的關聯。

針對年紀較大的學生：讓學生分組將卡片分類，然後腦
力激盪，用成長性思維的敘述取代定型化思維的敘述。比方
說，學生可以把「我不擅長這個」改為「我在這方面需要多加
練習」。

把一系列成長性思維敘述卡張貼在教室裡，做為視覺教
具。討論你期許這班學生如何集中精力來建立他們的成長性思
維。（詳見下一頁卡片範例）

步驟 5：行動日誌

請學生記錄或畫出為了建立成長性思維所要採取的具體行
動。如果學生對這項任務感到困難，鼓勵他們思考一個想要達
成的具體目標、可能遭遇的挫折，以及未來克服失敗的方法。

思維敘述卡片

定型化思維敘述	成長性思維敘述
我跟數學無緣。	我可以讓大腦成長。
我不擅長這個。	我必須改變策略。
她是班上最聰明的小孩。	我的勤奮與努力是值得的。
成績的意義大過於成長。	我還沒到達目標。
看起來聰明比冒險來得好。	人是可以改變的。
我永遠不可能變得那麼聰明。	好的態度對於學習非常重要。
如果我被糾正，我會覺得自己很笨。	我會解決問題。

　　提供學生分享行動步驟的機會，別忘了也包括你自己的成長行動！

步驟 6：詳細說明

　　討論建立一個「人人都能學」課堂環境的重要性。明確地跟學生分享，每個學習者都在進行自己的旅程。有些人在學習課業技能、有些人在努力邁向社交目標，還有一些人是在開發更多挑戰自我的方式。

步驟 7：定義教室文化

　　腦力激盪，列出一張成長導向教室的規定、期望與準則。請學生建議可以幫助自己並鼓勵他人發展成長性思維的準則。例如：「有人犯錯時不要笑。」「記住！人人都能學。」「如果你第一時間學不會，試試看不同方法。」「不要害怕向別人求助。」等等。

步驟 8：準備開始下一課，「讓大腦成長」

　　發下印有兩個大腦草圖的講義。讓學生創造一個成長性思維大腦（用他們所知象徵成長性思維的敘述和符號來裝飾）及一個定型化思維大腦（用他們所知象徵定型化思維的敘述和符號來裝飾）。換句話說，就是讓學生在大腦草圖上，藉由寫或畫的方式呈現出兩種思維的特徵，創造一個成長性思維大腦及一個定型化思維大腦，展現他們所學到的兩種思維概念。

大腦草圖範例

成長性思維大腦　｜　定型化思維大腦

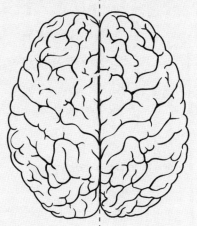

說明：請用你所知道象徵成長性思維的敘述和符號，寫出或畫出這張成長性思維大腦的特徵。 ｜ 說明：請用你所知道象徵定型化思維的敘述和符號，寫出或畫出這張定型化思維大腦的特徵。

步驟 9：評估

⊙ 學生合作分享並加強他們對於概念的理解及觀點的建立。

⊙ 學生根據他們所畫的圖及討論結果做報告。

⊙ 學生在報告時精確表達資訊，並與課堂期望及基本問題連結。

步驟 10：意見反饋

　　提供學生支持及建設性的回應。讚美他們為完成作業所付出的努力。在讚美他們的努力時要真誠且直接，比方說：「我喜歡你這麼努力思考成長性思維的例子。」或是：「你真的絞盡腦汁，在圖裡加入了很多有創意的細節。」

　　當你學習如何在成長性思維課堂上提供學生有效的回應時，別對自己太嚴苛了。提醒學生，你本身也正在學習成長。

教學 TIPS：教師日誌

反省是任何課程的關鍵要素。撰寫日誌，回答下列問題中至少一題，判斷你的課程中哪些部分進行順利，以及下次可以如何改善。

⊙ 你的課程在哪些部分進行順利？

⊙ 你可以如何改善課程？

⊙ 在準備下個月的課程時，你可以怎麼做？

⊙ 在傳達成長性思維課程時，你的未來目標是什麼？

_____

_____

_____

_____

_____

成長導向教室的實例分享

將課堂設為「成長性思維區」（the growth-mindset zone），是成功展開這個成長學年重要的一部分。當然，我們說的「成長性思維區」其實是指「無論斷區」（judgment-free zone）。正如杜維克在《心態致勝》中所強調的，論斷的價值並不高，吸引學生參與學習過程，才是成長關鍵[24]。我們建議設立準則，以鞏固課堂裡的成長性思維氛圍。跟學生分享這些成長準則，使其成為日常例行程序及課堂對話的一部分，是建立成長性思維區不可或缺的步驟。

成功案例
↓

讓我們來看看，建立持續一致向學生傳達成長性思維價值的課堂教學，會是什麼樣貌。H 女士是一名幼兒園教師，過去幾年間，她在班上教導五、六歲的孩子成長性思維。看看她是如何向學生教導成長性思維，並且在她的教室裡，日復一日地強化這些技巧。

一個成長的地方 ── H 女士的日誌

　　每學年一開始，我都一定會在我的幼兒園班上提出期許，期許我們身為一個人、身為一群學習者，要下定決心，竭盡所能地解決問題。在我們班上最重要的規定是準備良好的學習態度。良好的學習態度當然就是成長性思維了。我的學生知道正面的學習態度會幫助他們成長。我們每天一開始，都會朗誦班規，把我們的教室建造為一個成長的地方：

「今天我要：

擁有良好的學習態度。

主動學習，讓我的大腦成長。

用心解決問題。」

　　我的學生通常在加上動作時，更能記住東西，因此我們為每段班規都配上相關的動作。在朗誦「擁有良好的學習態度」時，學生要誇張地露出大大的笑容，豎起兩隻大拇指指向臉頰，並左右擺動頭部。在說到「主動學習，讓我的大腦成長」時，學生要把雙手放在頭部上方，比出大腦成長的手勢。說到「用心解決問題」時，學生要用食指輕敲頭部，這是表示努力思考的通用手勢。朗誦這些班規，並配上相應的動作，決定了每一天課堂上的氣氛。

　　我花許多時間訓練學生明白，良好的學習態度包括接受挑戰、解決問題，以及從錯誤中學習。我示範這種態度，分享擁有

良好的學習態度是什麼樣子，以及沒有良好的學習態度又是什麼樣子。

在解決問題上，我也做同樣的示範。將這點明確地教給學生，非常重要。他們必須看見如何解決問題、學習解決問題的技巧等真實範例，並讚揚自己在解決問題上所做的努力。

為了明確指導學生這點，每年一開始，我都會在孩子們面前上演一齣教師發怒的戲碼，示範「不」解決問題會是什麼樣子。我會假裝搞不懂某件事，然後跺腳、哭號、噘嘴，說：「這太難了！」學生們都瞠目結舌地看著我說：「我不會做這個！」

起初，學生們都會被眼前這幅教師撲倒在地亂發脾氣的畫面嚇得目瞪口呆。但當我博取他們的注意力之後，我就會問他們，是否有更好的方式可以處理目前這個情況（有些學生會快我一步，在我還沒表演完畢以前，就對我伸出援手）。當然，學生這時都會踴躍舉手發言，紛紛建議我要如何重拾正面的學習態度。我通常利用這個機會進行腦力激盪，讓他們想出解決問題的方案。孩子們想到的點子包括：

⊙ 找同儕或教師幫忙。

⊙ 溫習前一課的作業。

⊙ 一再嘗試解決問題，直到學會為止。

⊙ 想想其他解決問題的辦法。

我發現，營造教室風氣，去教導學生接受每個學習者在學習過程中的不同處境與步調，極具價值。學生知道，我們都在以不

同的方式，努力使我們的大腦成長。有些學生可能正在學習如何
書寫英文字母或辨識數字，有些學生可能在努力學習成為一個好
朋友。我們每個人都有責任，竭盡所能地讓自己和周圍的人成為
最佳學習者。我們可以透過分享彼此的錯誤與策略、向同儕尋求
協助，以及運用我們的成長性思維，達成這個目標。

成長導向教室的特色

　　H 女士並不只是在開學第一天跟學生聊聊成長性思維，然
後就拋諸腦後，她還將其融入班上的日常例行活動中。她也會
告訴你，過一段時間後，學生會開始在彼此的互動中使用這些
語言。「當你聽到學生詢問另一個遇到困難的同學，『你要如
何用心解決問題？』時」她說：「沒有什麼事比這更令人心滿
意足了。」

　　正如在 H 女士的班級，成長性思維的文化應當構成你整
套課程及教室空間布置的基礎。我們並不是建議你在教室門
口高掛招牌，要求非成長性思維者勿入，或是拿堅決小貓的
海報貼滿教室牆壁，而是建議你在教室環境做一些有意義的改
變，使它有助於成長導向的學習。透過用心選擇教室的陳列與
配置，絕對有助於強化傳達成長性思維的訊息。

　　以下是一些你可以採用的點子：

項目	成長導向教室的布置特色	定型導向教室的布置特色
學生作品展示	用展示的作品來展現學生的努力，保留橡皮擦擦過的痕跡、被標示出來的錯誤等等。	展示的作品完美無瑕，沒有顯而易見的錯誤。
班規	張貼加強成長性思維氛圍的正面班級準則（如 H 女士的方法）。	張貼包羅萬象的冗長清單，列舉學生不准做的事，指出怎樣是失敗。
課桌椅配置	學生以小組合作的方式入座，或以小組易於聚集的方式安排座位。附輪腳的課桌椅會是很棒的額外教室配置。	課桌椅一排排面向前方，不易進行小組合作。
牆壁布置	我們看過最喜歡的標語是「改變你的話語，改變你的思維。」特色是以成長訊息取代定型訊息。例如，把「我永遠學不會這個」改為「這項富挑戰性的作業正在幫助我的大腦成長。」還有一則很棒的標語是：「去犯錯。」	類似「練習造就完美」和「你好棒！」的訊息是有問題的，因為練習並不一定會臻至完美，也不是每個人此時此刻在每件事上都表現很棒。透過成長性思維的角度來思考你傳遞的訊息，確保它是有目的性的。

項目	成長導向教室的布置特色	定型導向教室的布置特色
教師辦公桌	教師辦公桌放在教室前方，易於接近；更好的情況是沒有辦公桌，教師上課時在教室裡四處走動，透過肢體上的接近，表示歡迎學生隨時提問；教師的工作在指派的工作地點完成。	教師辦公桌放在教室後方，盯著學生的後腦勺，無法透過眼神接觸及／或肢體上的接近，鼓勵學生提問或互動。
其他空間配置	放入長沙發、懶人沙發等座椅與其他彈性空間，以及額外的白板或膝上黑板，方便學生合作想出點子；或設置一個「安靜區」，學生可以在此使用抗噪耳機，專注在個人作業上。成長性思維教室讓不同的學習風格與步調，各得其所。	不考慮額外的空間配置；給每個人一樣的課桌椅，期待他們用同樣的方式端坐學習。這樣的教室環境背景，並未特別考量到不同的學習風格。
課堂管理	管教是隱私及個人的，並維持尊嚴。考量以輔導方案取代懲罰式管教。	缺交作業的名單寫在黑板上，眾所皆知。在行為檢核表上標示大叉叉，或警告表示行為不當。

營造一個重視挑戰及容忍失敗的教學環境

↓

成長性思維的教室環境，除了應當是一個傳達「勤奮努力是美德」的空間外，還應當鼓勵冒險與面對挑戰，並向學生傳達，這是一個容許提問與犯錯的安全空間。因為在重視挑戰之餘，這意味著伴隨接受挑戰而無可避免的失敗，因此絕不強調完美勝過努力。

讓家長參與成長性思維遊戲

你的教室實體空間傳達這些訊息固然很重要，但同樣重要的是，身為教室領導者的你，也要透過其他方式鞏固這些訊息。

透過寫給家長的一封信來溝通

在教室裡加強成長性思維的價值最有效的方式之一，是把相關資訊寄給家長。在學年一開始，寄封附上成長性思維相關文獻的信函到學生家裡，將會幫助家長了解到，你並不是重視考試分數和成績等級的教師，反之，你的課堂焦點在於成長與進步。

這是一封我們草擬的信件範例，內容是向家長說明成長性思維，並提供他們在家延伸運用的工具。

親愛的家長：

　　我堅決相信成長性思維的力量，每一年，我抱持這樣的信念，相信我所有的學生都具備學習與成長的能力。什麼是成長性思維？簡單來說，就是相信智力與能力不是固定特質，或我們生來就只能擁有這麼多，而是透過努力和毅力，所有學生都具備達到學業成就的能力。

　　每一天，您的孩子都會在我的班上，沉浸在成長性思維的環境中。我的學生會被要求在學習上冒險。他們不會因為反應快或天資聰穎受到讚美，而會因為他們在學習過程中的恆毅力與決心受到讚美。他們也會以過去從來意想不到的方式成長。

　　但問題是，這些訊息不能只來自於我，因此我寫這封信尋求您的協助。您可以如何提供協助呢？您可以在家中看重成長與進步。我並非特別看重成績和一張紙上方的數字或字母的教師。是的，成績是一種重要的資料與工具，可以追蹤學生進度，幫助我設計出合適的指導方式，但最重要的是，我們要看見學生成長。比方說，如果有學生的某科評量從五十五分變為六十八分，我們有兩種選擇。我們可以把六十八分視為表現普普的 D+，或是我們可以慶祝它代表在一項技巧或觀念上的理解大幅進步。我選擇後者。我並不是要您為 D+ 辦一場派對，而是請您用心觀察孩子起跑的位置，以及他們隨著時間過去有怎樣的進步。我認為，只要持續地進步，無論其幅度有多少，都應當被看重。

　　以下是一些您可以在家中做的事，以持續發揮與促進成長性思維：

⊙ 鼓勵孩子在校冒險，接受新的挑戰。

⊙ 不要因為孩子輕易學會某樣觀念而讚美他，但要因為他為了學習觀念所付出的努力而讚美他。

⊙ 如果學校教材對您的孩子而言過於簡單，請與我溝通，這樣我們才能提供他難度足夠的學習挑戰。

⊙ 著重孩子從事課外活動的毅力與努力。比方說，用「我以你在籃球比賽投入的努力為榮」取代「我以你在籃球比賽得了多少分為榮」。

盼望您願意加入我這趟成長性思維之旅。沒有您的協助，我便無法完成。倘若您有任何疑問或關切，請與我聯絡。

您孩子的教師　敬上

家長以有目的性的方式去讚美孩子，事倍功半
↓

邀請家長加入你的教學旅程，一起灌輸孩子成長性思維的信念，是十分重要的。畢竟，如果學生回到家，聽到的都是定型化思維的訊息，你的成長導向工作很可能輕易破功。當然，並不是每位家長都會樂於參與，但許多家長會的。你會訝異有多少家長完全沒有意識到他們傳遞給孩子的定型訊息。

在《心態致勝》中，杜維克寫道：「沒有家長會想：『我今天要怎麼做才能暗中削弱我的小孩、推翻他們的努力、攔阻他們的學習、限制他們的成就。』他們會想：『我願意做任

何事，付出任何東西，讓我的孩子成功。』」[25] 確實，我們遇到的多數家長也持相同看法，但他們卻不一定了解，他們給予孩子的某些讚美和回應，可能是有害的，反而促成定型化思維。其實當家長說「做得好！」或「你好聰明！」他們是在試圖讓孩子感覺良好。依據我們的經驗，如果你能夠提供家長方法，讓他們以更健康、更有目的性的方式去讚美、激勵孩子，多數家長是願意採納的。畢竟天下父母心，所有家長的共通點就是，他們希望給孩子最好的。

　　為了與家長持續成長性思維對話，我們建議你設立某種系統，可以針對孩子的成長，定期向他們提供意見反饋。在學年一開始，向家長進行調查，詢問他們想要看見孩子在哪些方面成長，或是定時向他們告知，孩子目前特別努力學習的觀念或技巧，尤其是當那些努力不見得會反映在高分上時。

　　這裡有一則帶回家給父母的便條範例，內容強調成長是學習的主要目標：

關於傑克的成長便條

　　傑克非常努力地學習數學技巧。他的日常作業成績已從平均六十五分進步到七十六分，而且擁有很棒的學習態度。我讚賞他投入的努力，我認為應該向您告知。傑克加油！

　　　　　　　　　　　　　　　　　　B 女士

更多成長性思維資源

　　當你努力在教室裡營造成長性思維氛圍，與協助家長在家落實思維教育時，你會需要大量資源。在此列出書籍、音樂、電影及其他資源，能幫助教師更了解成長性思維，並提供學生實際範例。

相關書籍
↓

⊙ *Beautiful Oops*，Barney Saltzberg 著。

⊙《點》（*The Dot*），Peter H. Reynolds 著，和英出版。

⊙ *Everyone Can Learn to Ride a Bicycle*，Chris Raschka 著。

⊙《如果你想看鯨魚》（*If You Want to See a Whale*），Julie Fogliano 著，道聲出版。

⊙ *Ish*，Peter H. Reynolds 著。

⊙ *The Most Magnificent Thing*，Ashley Spires 著。

⊙ *Oh, the Places You'll Go*，Dr. Seuss 著。

⊙ *Rosie Revere, Engineer*，Andrea Beaty 著。

⊙ *Your Fantastic Elastic Brain: Stretch It, Shape It*，JoAnn Deak 著。

電影
↓

⊙《大英雄天團》（*Big Hero 6*），2014 年，Disney，普通輔導

級（PG）。

⊙《食破天驚》（*Cloudy with a Chance of Meatballs*），2009 年，Sony Pictures Animation，普遍級（G）。

⊙《飛躍奇蹟》（*Eddie the Eagle*），2016 年，Marv Films，特別輔導級（PG-13）。

⊙《腦筋急轉彎》（*Inside Out*），2015 年，Disney Pixar，普通輔導級（PG）。

⊙《冰上奇蹟》（*Miracle*），2004 年，Disney，普通輔導級（PG）。

⊙《豪情好傢伙》（*Rudy*），1993 年，Tristar，普通輔導級（PG）。

⊙《夢想啟動》（*Spare Parts*），2015 年，Pantelion Films，特別輔導級（PG-13）。

⊙《動物方城市》（*Zootopia*），2016 年，Disney，普通輔導級（PG）。

影片／電視節目

⊙ *Austin's Butterfly: Building Excellence in Student Work*，YouTube 頻道：Expeditionary Legendary。

⊙ *Caine's Arcade*，Nirvan Mullick 製作短片。

⊙ *Growth Mindset for Students*，ClassDojo.com 影片系列。

⊙《信念的力量》（*The Power of Belief*），Eduardo Briceno 主講，

TED 演講。

⊙《相信你能進步的力量》（*The Power of Believing that You Can Improve*），卡蘿‧杜維克（Carol Dweck）主講，TED 演講。

⊙《你能夠學習任何事》（*You Can Learn Anything*），可汗學院（Khan Academy）。

歌曲

⊙《攀登》（*The Climb*），麥莉‧希拉（Miley Cyrus）演唱。

⊙《不要放棄》（*Don't Give Up*），火星人布魯諾（Bruno Mars）演唱，芝麻街（*Sesame Street*）。

⊙ *Fall Up*，Sus B 演唱。

⊙《煙火》（*Firework*），凱蒂‧佩芮（Katy Perry）演唱。

⊙ *Power of Yet*，賈奈兒‧夢內（Janelle Monae）演唱，芝麻街（*Sesame Street*）。

⊙ *What I Am*，will.i.am 演唱，芝麻街（Sesame Street）。

切記：學習成長性思維時要多點寬容與體貼

　　如果你持續示範成長性思維，展現世界各地的真實範例，並且在教室裡重視成長性思維的行為，你會開始看見它反映在學生身上。如果你對學生宣稱重視成長性思維，卻繼續獎勵完美，而非成長，學生會回應你對完美的期待。記得，在

成長性思維裡，成長本身就是學習的目標，而不是要第一次就做對。你的學生不會立即搖身一變為成長性思維的完美實踐者。當他們在學習運用成長性思維時，多給他們一些寬容與體貼，同時不要忘了，也給自己同樣的寬容與體貼。

　　現在你已了解兩種思維的差異，下個月，我們要來探索思維背後的科學。科學家有句諺語：「神經元一齊開火，一齊串連。」（Neurons that fire together, wire together.）了解大腦學習過程的細節，對於強調「努力是成功之本」的教學實務，至關重要。

第
三
個
月

我的大腦像肌肉一樣會成長！

智力高低的評估標準，在於改變的能力。
——亞伯特 ・ 愛因斯坦（Albert Einstein）

☑ 教導自己和學生關於神經及大腦可塑性的知識。
☑ 測試並研發以腦部科學為基礎的教學策略。

關於有人精通數學，有人不行的迷思

　　在考完 ACT（是指在美國中西部所舉辦的大學入學測驗）後幾週，黛比收到了郵寄的成績單。測驗中的數學部分，滿分三十六分，她只拿到十九分；而在閱讀部分，滿分三十六分，她拿到了三十二分。兩科表現為什麼會有這樣的差異呢？黛比在閱讀上展現了如此天賦，在全國考生中贏得 PR 值高達九十的佳績，為什麼會在數學這一科兵敗如山倒？

跟求學過程息息相關

　　一開始，黛比以她「天生就不是數學那塊料」來辯解學科成績上的差異，但當她被追問這兩科的求學史時，卻浮現了一幅迥然不同的畫面。

　　自孩童時期，黛比就在閱讀方面展露不尋常的早慧天賦。從她開始上學起，便經常因為她的閱讀天分而受到獎勵與讚美、被請到台前朗讀給全班聽、被要求協助在閱讀上遇到困難的同學，並被安置在能力較強的閱讀小組中。她的童年時期，把週末都耗在當地圖書館借書，然後廢寢忘食地大量閱

讀。當她進了中學，她選擇戲劇、現代小說、新聞學及創意寫作等選修科目，如此就能進一步浸淫在她熱愛的文字世界中。因此當她上了大學，會選擇什麼主修科目呢？你猜對了，就是英文。

　　而她在數學科目的求學史，就是截然不同的故事了。黛比記得自己早期在數學這科也是好學生，主動參與校外數學競賽，甚至獲勝。到了五年級，她回想當時學校組了一個預備參加區域競賽的數學團隊，她參加了程度測試，但並未過關。自此之後，她的印象變得有點模糊，但她記得中學時期厭惡數學，高中只上必修的數學課。畢竟，當一個人可以在語言藝術課發光發熱時，誰還會想要跟三角函數和微積分這類的額外數學課奮戰不休呢？

與生俱來 vs 後天養成

↓

　　所以，黛比的 ACT 成績是否就如她一開始所說，代表她「不是數學那塊料」？或者那只是反映了她在語言藝術上豐富、卻在數學指導上匱乏的求學史？即便她相信自己根本「不是數學那塊料」，但在她檢視求學生涯時，她發現是自己做的選擇，和她逃避的挑戰，使她無法成為數學那塊料。她不是數學那塊料，是因為她從來不給自己機會。她避免了數學的挑戰，因為她忙於鞏固自己的語文學霸地位。

　　黛比並不孤單。有一大票人都相信數學能力是某種與生俱

來的遺傳特質。「如果你不是天生數學那塊料,你就永遠不會是。」不相信嗎?上 Google 搜尋「不是數學那塊料」(not a math person)關鍵字,你會連結到七萬多筆結果,甚至更多!

改變中的大腦

大腦在受到驅策時,會以驚人的方式成長與改變。像在黛比的案例中,在數學上缺乏練習與挑戰,妨礙了她的大腦在該學習領域的成長,而在語言藝術上的持續練習與挑戰,則幫助她的大腦蓬勃發展。

在一波探討大腦可塑性(或大腦有能力改變、成長,並產生新的連結)的新研究已經揭開真相,推翻神經科學界傳統長期深信的真理。

大腦可塑性的實例
↓

新研究揭露,人類在整個生命週期,只要專心致志的努力與練習,就有能力對大腦做出驚人且持續的改變。這裡有一些例子:

⊙ 發表在《神經科學雜誌》(*Journal of Neuroscience*)的一篇研究指出,天生聾者的腦部基本上會重新連線,讓一般

負責處理聽覺的區域，轉而協助處理觸覺與視覺。[26]

⊙ 著有《大腦解密手冊》（*The Brain: The Story of You*）一書的神經科學家大衛・伊葛門（David Eagleman）說到卡梅倫・莫特（Cameron Mott）的故事。卡梅倫年僅四歲時，就因對抗罕見疾病而被切除半邊腦部。後來卡梅倫的腦部自行「重新連線」，好讓這半個腦就像一個完整的腦部一樣工作，現在「基本上無異於」其他同學。[27]

⊙ 當倫敦計程車司機為了通過計程車駕照考試，而背誦兩萬五千多條街道，他們的海馬迴（腦部負責記憶的區塊）也在成長。[28]

透過訓練，會使大腦更強壯

神 經 可 塑 性（neuroplasticity） 或 大 腦 可 塑 性（brain plasticity），是指腦部在我們的一生當中都有能力自行改變。如同上述的例子，為了適應環境，我們的腦部甚至有能力自行重新連線。

試著把我們的大腦想成身體的肌肉一般。舉重和不斷地運動鍛鍊會使得肌肉更加強壯，不是嗎？同樣地，鍛鍊我們的腦部也會使它更強壯。事實上，當我們學習新的事物時，我們腦部的密度和重量都會增加。就用這堂迷你課程，向學生介紹他們的腦部吧！

認識你的腦部之課程規劃

學習目標

↓

當這堂課結束時,學生將能夠:

⊙ 說明腦部的不同部位。

所需的資源與工具

↓

⊙ 黏土(紅色、橙色、黃色、綠色、藍色、紫色,或視需要以其他顏色替代)

⊙ 白紙

⊙ 書寫工具

⊙ 黏土製成的腦部模型範例。課程最後務必要讓學生能在白紙上製作出腦部模型,或用便利貼標示出腦部的不同部位。

教學方法:認識你的腦部

↓

將學生分成小組,再次發下他們在上個月課程上所繪製的成長與定型化思維大腦草圖(見 60 頁)。提醒學生,他們之前已用自己學到的成長與定型化思維相關敘述及符號裝飾大腦

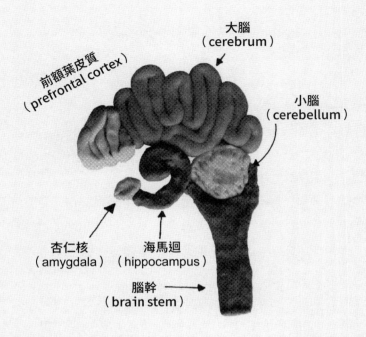

草圖。給學生幾分鐘的時間回顧，也可以在他們的大腦草圖上
增添其他想到的項目。

步驟 1：進行團體討論

　　用下列問題協助進行團體討論：

⊙ 回想你學習某樣新事物的經驗。當時為了學習，你採取了哪
　些步驟？

⊙ 回想你在某件事失敗的經驗。你當時感覺如何？失敗後發生
　了什麼事？

　　跟學生分享，腦部是人體的器官，它有個重要的工作，就是幫助我們學習。你可以這麼說：「我們的腦部分為兩半部，左半部及右半部。兩邊是由不同部位組成，包括大腦、前額葉皮質、海馬迴、小腦、腦幹及杏仁核，這些部位通力合作幫助我們學習與成長。」

步驟 2：用黏土實作腦部模型

　　接著，發下黏土給每位學生（或每組學生一份，依黏土的份量而定）。學生會需要一杯藍色黏土，以及小塊的紅、橙、黃、綠、紫色黏土。發給每位學生一張白紙，讓他們在白紙上製作腦部模型。

　　告訴學生，今天他們會學到腦部的不同部位及其功能。他們會製作腦部剖面模型。在活動進行中，當學生用黏土捏出腦部的各個部位模型時，告訴他們每個不同部位的名稱及功能。最後，他們就會創造出一個腦部剖面模型。

　　首先介紹大腦。

步驟 3：指導語教學

　　大腦：快！二加二等於多少？如果你答出這個問題，你就運用了你的大腦。你可能會認得它是腦部充滿皺褶的部位。大腦是腦部的重要部位，同時也是最大的部位。你就是用這個部位思考的！當你在解決問題、繪畫或玩遊戲時，你的大腦保證一定參與其中。甚至連你的記憶也儲存在這裡（在解說

大腦及腦部其他部位的功能時，依照班上學生程度，適度增減內容。對年紀較小的學生，保持簡單就好；對年紀較大的學生，則要更詳細解說不同部位的功能）。

在解說大腦時，指導學生用紅色黏土揉成像蛇一樣的長條狀，然後將它扭轉，製作成充滿皺褶的大腦模型（見 82 頁）。

小腦：跟鄰座的同學擊個掌！你知道嗎？如果沒有腦部裡面叫做小腦的這個小部位幫忙，你是沒辦法擊掌的。小腦位於腦部後方。它有一個重要的工作：控制我們的肌肉。我們的肌肉幫助我們跑步、跳躍、跳舞及以各種方式移動，但若沒有小腦幫點忙，肌肉是做不到這些的。小腦是一個小兵立大功的部位！

仿照範例，指導學生用橙色黏土捏成有隆起的小塊，放在腦部模型的後方。

前額葉皮質：請你輕輕敲一下額頭（示範給學生看）。在額頭的皮膚及骨骼下方，就是前額葉皮質。腦部的這個部位負責下決定。無論好壞，你所做的選擇都是來自於前額葉皮質。當你思考事情的正反面、比較對照選項，或考慮不同後果時，都是在運用前額葉皮質。

指導學生用黃色黏土揉成像蛇一樣的長條狀，然後將它扭轉，放在腦部模型的前方（見 82 頁範例）。

海馬迴：你知道去操場要怎麼走嗎（讓學生回答）？當我們針對一個特定地點（如操場）指出路線，就是在運用我們的海馬迴。它還有更多功能，例如把我們的經驗轉為長期記憶。

　　指導學生用紫色黏土製作一個短短的圓弧。「海馬迴」原文來自於拉丁文的「海馬」，所以在製作海馬迴時，想想海馬的彎曲形狀。把它連接在大腦的下方及小腦的左方（見 82 頁範例）。

　　杏仁核：你今天感覺如何？無論你感覺如何，你的情緒都來自於同一個地方：杏仁核。杏仁核是一個神經元群，位於腦部深處。杏仁核就像是情緒管理中心。

　　指導學生用綠色黏土製作一個杏仁狀的部位，連接在海馬迴底部（見 82 頁範例）。

　　腦幹：你是否曾感到好奇，當我們在睡眠時，身體如何知道要呼吸？這要感謝腦幹。除了幫助腦部傳遞訊息給身體其他部位之外，腦幹也負責非自主功能（身體不需要我們幫忙就會自己做的事），如呼吸、消化食物或打噴嚏等。

　　教學生用藍色黏土製作一個像樹幹一樣的結構，從小腦下方往下延伸，形成腦幹模型（見 82 頁範例）。

步驟 4：標示腦部模型名稱及例子

　　讓學生在製作腦部模型時，利用墊在下面的白紙空白處標示腦部模型的各個部位，並寫出他們使用腦部各部位的例子。

　　大腦：把紅色黏土標示為大腦，然後寫下或畫出他們在校學到的一件重要的事。

　　小腦：把橙色黏土標示為小腦，然後寫下或畫出他們喜歡

從事的一項運動或體能活動。

　　前額葉皮質：把黃色黏土標示為前額葉皮質，然後寫下或畫出他們曾做過的一項艱難決定。

　　海馬迴：把紫色黏土標示為海馬迴，然後寫下或畫出一件特別的回憶。

　　杏仁核：把綠色黏土標示為杏仁核，然後寫下或畫出他們感到非常快樂、害怕、興奮或驚恐的一次經驗。

　　腦幹：把藍色黏土標示為腦幹，然後寫下或畫出他們曾經歷的一種不自主反應（如打噴嚏、咳嗽、打呵欠等等）。

步驟 5：檢視理解狀況

　　檢視學生狀況，確定學生正確地完成模型。讓學生為成品拍照，以便儲存及分享。

大腦的可塑性

　　大腦可以改變的能力稱為「可塑性」。在我們的大腦內部，有幾十億個神經細胞，稱為神經元。當你在使用大腦時，電信號（electrical signal）便會透過一條稱為軸突（axon）的路徑發射。從神經元伸展出來、手指狀的微小結構樹突（dendrite）接收訊息，再把訊息傳遞給細胞體，訊息可以在此再度發送，連結到其他的神經元。你學得愈多，你所創造的神經元路徑也愈多。當一條路徑使用得愈頻繁，就會變得愈堅固。

　　大腦內部有許多堅固的路徑，就表示神經元可以更快速地向彼此傳遞更多訊息 —— 這代表了你學習與記憶了愈來愈多的事物！你可以教學生用這句諺語記住這一點：「神經元一起開火，一起串連。」每個人的大腦都有能力進行連結，並透過鍛鍊與學習成長！

學習，如同在大腦內開闢新路徑
↓

　　如果學生難以理解這個概念，不妨用以下比喻法來說明。

　　假設你住在森林裡，每天都要從住家步行到一條小溪。經過一段時日，你已經開闢了一條穿越森林、從住家到小溪的陳舊路徑。正如這條路徑，你經常使用的技巧、知識和習慣，就是你大腦內部的陳舊路徑。你能夠輕鬆做到這些事，是因為神

經元的路徑持續在使用。但當你學習新的事物時，你就必須開發新的路徑。

　　再回到森林裡的住家。假設有一天，你發現路徑外有一處美麗的草坪，你決定去那裡看看，卻沒有明確的道路通往那裡。於是你沿途跋涉，穿越草叢、搬移石頭、閃避樹枝、被障礙物絆腳，最後終於抵達目的地，但並不容易。需要花費一段時間反覆來回行走，才能讓通往草坪的新路徑如同通往小溪的路徑一樣平坦。當你學習新事物，你就是在大腦內部開闢一條新的路徑；這就是神經可塑性。

　　任何人都可以開闢新的路徑，但這是非常辛苦的工作。而且，就像森林裡的路徑一樣，如果你不常使用大腦內部的新路徑，它就會被叢生的雜草覆蓋，變得難以再度穿越。這就是為什麼人們會說：「用進廢退（Use it or lose it）！」

犯錯反而更觸發大腦成長
↓

　　學習大腦可塑性的觀念，能夠幫助學生擺脫具有破壞性的觀念，像是人類天生就有愚智平庸之分等等，並且接受挑戰是學習過程中不可或缺且自然的一部分。正是在舒適圈外承擔新挑戰的時刻，大腦所產生的改變最大。要走出舒適圈、開始看見這些改變，首先必須以成長性思維面對新挑戰，以及隨而之來的錯誤等等。當學生了解大腦如何學習，他們在承擔新挑戰時，就能想像腦部運作的過程。

史丹佛大學數學教育教授暨《數學思維》作者波勒（Jo Boaler）說，當學生做數學出錯時，會觸發一種學生答對時不會出現的腦部活動。「對於抱持成長性思維的人來說，犯錯的行為會導致腦部特別顯著的成長。」波勒寫道。[29]

所以這對你的學生有何意義？首先，像數學這樣的學科，應當減少著重於展現觀念上的精熟，而是多加強調學習本身的過程。

波勒分析把數學當作「表現型科目」或「學習型科目」之間的區別：當我們把數學當作表現型科目時，學生被指派的是封閉式作業，因想出正確解答受到讚美；而當我們把數學當作學習型科目時，學生被指派的是開放式作業，可經歷深度學習的過程，不需要從頭到尾答對問題。[30]

為何學習腦部科學是如此重要

教導成長性思維的一個關鍵、但經常被忽略的面向，就是教導學生他們的大腦如何運作。

從我們出生的那一刻起，我們就開始學習各種學科與領域的基本技巧，這些學習形成並構築了後續技巧及觀念的支架。畢竟，你不會期待一個不認識英文字母的人閱讀《紅字》（*The Scarlet Letter: A Romance*）★編注4，也不會要求一個不熟悉數學規則的人在二次方程式中解出未知數 X。但我們卻每日

要求學生學習，而從未教導他們大腦是怎麼學習的。

了解腦部科學運作帶來人生思考新契機

　　杜維克和她的同事麗莎·布萊克維爾（Lisa Blackwell）針對一群被列為「低成就」的七年級生進行研究。[31]

　　這群七年級生全部接受關於學習技巧的指導，而其中一部分學生同時還學到「大腦像肌肉一樣會成長」的額外知識。而這些接收到大腦如何成長額外資訊的學生，與未受這項訓練的同伴相較，展現出較高的在校學習動機，也得到較佳的數學成績。

　　杜維克在《首要領導力》（*Principal Leadership*）文中分享一個年輕人的故事，過去他總是在朋友間極盡搞笑出醜之能事，但當他學到大腦如何成長後，他看著研究專家問道：「你們的意思是說，我可以不用當個笨蛋嗎？」[32] 這個故事是一則絕佳範例，說明教導學生成長性思維與腦部科學，可以幫助他們看見自己的新契機。

★編注4　《紅字》（*The Scarlet Letter: A Romance*），1850 年代出版的小說，作者是納撒尼爾·霍桑。講述一位女孩海斯特·白蘭紅杏出牆，懷了一個女娃，並奮力地建立一個悔悟且有莊嚴的新生活。透過這本書，霍桑探索了三個主題：守法主義、原罪和內疚。

把探討腦部科學帶入成長性思維課程中
↓

　　如果學習大腦如何運作可以在這群七年級生身上帶來如此明顯的影響，那麼想像一下：它對我們的教學會帶來什麼樣的影響。

　　暫且把學生放在一旁。想想看：許多老師儘管終其一生致力於學習實務，卻都對於學習背後的科學不甚了解。在我們同事間的一次非正式調查中，多數老師表示，他們在大學時代，從未上過任何一堂、或甚至一單元探討腦部科學的課程。而多數在教育教學課程中曾探討大腦如何學習的老師表示，他們是在修碩士班時才接觸到相關課程。因此，當你在教導學生大腦如何運作的過程中，不妨考慮在師資訓練課程中談談這個主題，或跟同事主動分享這個話題。這對老師們來說，同樣是寶貴資訊！

　　教導學生大腦可塑性，會為你的成長性思維導入教學的這一年帶來極大的影響。要讓學生憑空接受「只要相信你的技巧、能力及智力可望逐日成長，就能提升成就」。這種帶有幾分抽象的概念，或許困難。但是一旦你說明了大腦運作背後的科學，就有可能把懷疑者轉化為信徒。而這，在教導學生認知的過程，必須成為你在思維教學中不可或缺的一環。

　　所幸，神經可塑性是連年紀最小的學生都能學習的課程。還記得 H 女士的班級嗎？她的幼兒園學生可以告訴你：大腦像肌肉一樣會成長！以下讓我們來看看大腦可塑性的課程範例。

認識大腦可塑性的課程規劃

學習目標

↓

當這堂課結束時，學生將能夠：

⊙ 說明我們學習新事物以及讓大腦成長的方式。

所需的資源與工具

↓

⊙ 扭扭糖（Twizzlers）、彩色蠟條（Wikki Stix），或小毛刷

⊙ 黏土

⊙ 圖像投影機設備

教學方法：認識神經元

↓

步驟 1：觀看影片並討論

　　觀賞《神經元模型》（*Neuron Model from Neuroseeds*）這支影片，影片描述當我們在學習新事物時，神經元是如何建立連結。網址是：goo.gl/hr7SoM（影片提供者：Neuroseeds）

（編注：此網址影片已下架，教師可上 Youtube 搜尋「神經元」、「大腦地圖」等關鍵字找相關影片）

　　看完影片後，跟學生討論大腦如何學習新事物並成長，而富有挑戰性的工作及錯誤如何能協助這個過程。

　　告訴學生，今天他們要製作一個神經元模型。向學生說明，每個人的腦部都有十億個神經元，而神經元就是腦部的積木。神經元一起工作，幫助我們做事。當我們變得非常擅長於某件事，例如解出一道簡單的數學加法題，解題過程所需要的神經元就學會快速地一起發射。這些神經元愈常一起發射，解題過程就變得愈有效率。這就是為什麼反覆練習會讓事情變得簡單許多。

　　但當神經元必須做一些不尋常的事，例如解出一道冗長的除法題，我們的大腦就必須花較多時間協調神經元之間的連結過程。這就是學習！透過大量練習，我們的神經元就可以迅速連結，解出冗長的除法題，而解題過程也會變得愈來愈簡單。當我們從事富挑戰性的新工作，我們就是在大腦內部不同的神經元之間建立新的連結。今天，我們要製作一個神經元模型，這麼一來，你就可以看見參與大腦內部建立神經元之間連結的相關部位。

步驟 2：製作神經元模型

　　請學生用黏土和扭扭糖製作一個神經元模型。給每位學生兩塊高爾夫球大小的黏土和一條扭扭糖。指導學生用一球黏土製作細胞體，再從第二球黏土捏出許多小塊，揉成有長有短的手指狀分支，從細胞體伸展出來，做成樹狀突。

　　接下來，指導學生把扭扭糖扯開來，把其中一小條撕成小條，用來製作軸突末梢的前突觸區（presynaptic terminal）；剩下的完整小條扭扭糖，則用來製作軸突，也就是電流行進的路徑。

　　路徑行進的次數愈多，就會變得愈堅固。學生將透過下列每項任務添加一小條扭扭糖的方式，來展現這個概念：

⊙ 指導學生想出他們最近剛學到的某樣新事物，並加上一小條從細胞體伸展出來的扭扭糖，代表新的學習。

⊙ 指導學生加上第二小條扭扭糖，代表執行學習實務，例如完成練習這項技巧的家庭作業。

⊙ 加上第三小條扭扭糖，代表在學習過程中克服的錯誤與挑戰。

⊙ 再加上一小條扭扭糖，代表展現學習成果，例如當學生把他們會的教給別人、正確應用技巧，或把學會的技巧連結到新的概念。

⊙ 請學生想出其他可以強化軸突的例子，再加上一小條扭扭糖。

步驟 3：標示模型上的各部位並說明

當學生完成神經元模型時，請他們用白板筆或便利貼標示出模型上的各部位名稱。在他們標示模型時，說明神經元的各部位是如何運作。

樹狀突：樹狀突是接收器，負責接收來自其他細胞的訊息，再傳遞給細胞體。

細胞體：細胞體產生電信號，把訊息發送給其他細胞。

軸突：訊息透過軸突往細胞體外前進，通往前突觸區。

前突觸區：訊息透過化學信號，在前突觸區和其他神經元的樹狀突之間移動。

讓學生把各自的模型組合在一起，展現神經元是如何彼此連結。

步驟 4：檢視理解狀況

檢視學生狀況，確定學生正確完成神經元模型，並鼓勵他們跟一位同儕分享學習成果。

教學 TIPS：教學方法的組合延伸

你還可以運用下列的工具，展現出差異化的學習成果。

可運用工具	說明
擴增實境 （**AR, Augmented Reality**）	指導學生繪製神經元，並錄製影片，展示他們對於大腦成長方式的理解。使用 Aurasma（指自製擴增實境的一種）應用程式（或其他 AR 應用程式）掃描學生繪製的圖像，再將擴增實境影片與圖像結合。
定格動畫影片 （**Stop-Motion Video**）	指導學生用黏土製作定格動畫影片，描繪神經元連結的過程，並加上旁白，解說神經元如何運作。建議使用 App Store 的 Stop Motion Studio（定格動畫工作室）。
搭配旁白的影片	教學生製作短片，說明大腦可塑性如何運作。建議使用 Adobe Voice。學生上傳自己的圖像或搜尋圖片來說明這個過程。
建造神經元	學生可以用樂高積木或其他組裝材料建造神經元，展現他們對於神經可塑性的了解。
幽默短劇	學生可以寫一齣幽默短劇，呈現神經元之間如何連結。
歌曲或詩	讓學生寫歌或作詩，描寫腦部的神經元連結。
部落格	指導學生寫有關神經元連結的部落格。他們的大腦如何成長？他們採取了哪些步驟？發表學生部落格，是鼓勵家長參與課堂上成長過程的絕佳方式。使用 Kidblog（https://kidblog.org/）或 Seesaw（https://web.seesaw.me/）的應用程式，確保學生的部落格安全無虞。

以腦部為中心的教學

　　想像一下，如果學生打從心底相信，無論他們做什麼都無法讓自己的智力產生有意義的改變，那他們在學校學習會感到多麼無力。一旦學生了解大腦是持續改變中的器官，他們會覺得自己能夠投入更多努力，迎接嶄新且困難的學習挑戰，因為他們終於明白，決定成就高下的是努力，而非基因。正如本章一開頭所看到黛比的例子，學生愈常練習、愈常接觸富有挑戰性的工作，他們就會建立愈多的神經元連結，而他們在那塊學習領域的認知也會愈來愈鞏固。

做自己大腦的主人

　　我們說的「認知」（cognition）是指學習行為，而「後設認知」（metacognition）則是指思考並觀察學習過程。

　　基本上，後設認知是思考我們如何去想事情。後設認知或稱「思維意識」（thinking awareness），是成長導向教室的基礎，應當成為關於大腦如何學習的全面教學一部分。尤其當我們在思考成長與定型化思維時，以及採用不同思維會導致不同結果等等，都落在後設認知的範疇內。

　　事實上，有許多後設認知的策略，被教師用來協助學生做自己大腦的主人。在現今許多班級上課，學生是跟著學校課業的步調走。他們閱讀參考書，通過考試；他們閱讀指示，繳交

符合要求的作品。但通常在這些高度結構化的環境裡，學生並沒有機會規劃他們自己的學習方式（教師都已經幫他們安排好了），也沒有時間和空間省思他們的學習經驗（他們已經進入下一單元了）。

　　但後設認知是在一個新的意識層面上規劃與反省自己的學習過程，而這是許多學生在校沒有機會接觸的。因為運用反省與自律的後設認知策略，是必須讓學生暫停、退後一步去思考以及評估他們現在所處的位置、他們如何走到這裡、必須前往何處，以及如何抵達該處等等問題。這些都是最重要的生活技能之一，而我們的學生卻從未學過。

　　正如之前所說，教導學生成長與定型化思維，是一種已被證實能增進學業成就的介入模式，因此教導他們使用後設認知也是如此。研究顯示，從幼兒園到大專院校，曾明確接受後設認知教學的學生，能成功地加以運用，不過同一份研究指出，後設認知的教學在美國鮮少被採用。研究者也觀察到，運用後設認知策略得知自己對大腦有某種掌控能力的學生，在面對新的學習挑戰時，會有更強烈的動機，也更能持之以恆。[33]

練習後設認知的策略
↓

　　做為成長導向課堂的一部分，教師應當鼓勵學生練習後設認知，成為更有策略的思考者。以下是引導學生深入思考的一些策略：

● **決定綱要**。評估學生的背景知識，採用預估或自我評估，或採用類似 KWL 圖表 *編注5 或提供學生問題清單，引起學生閱讀動機並找出答案的預期指引策略。判斷學生已知什麼、已建立哪些連結、還需要建立哪些連結。預習可以啟發學生思考跟課程內容相關的先前知識（prior knowledge）與學習經驗。

● **思考題幹**。把思考題幹張貼出來，供學生在討論問題時使用。

　⊙ 我好奇……

　⊙ 我在學……

　⊙ 我在想……

　⊙ 我看到……

　⊙ 我覺得……

　⊙ 我了解……

　⊙ 這使我想起……

　⊙ 我剛學到……

務必把思考題幹張貼在醒目之處，這麼一來，學生不論在

＊**編注5**　KWL 教學法是由 Ogle 於 1986 年創始，主要是針對提升學生學習及閱讀理解能力，預先讓學生思考「我知道什麼？」（Know）、「我想要學什麼？」（Want），以及「我學到什麼？」（Learn）三個問題的答案，是一種結構式的思考、閱讀及資料蒐集策略。

教室裡的哪個位置，都可以輕易參照。

● **思考題目單**。與思考題幹類似，但思考題目單是把題目印在學習單上讓學生填寫，而不是張貼出來供學生思考。當學生填完思考題目單，他們便獲得一個思考思維的寶貴機會。

● **寫日誌**。學生日誌可以回顧學習單元或是專題；日誌讓學生有時間去思考他們在完成任務時的思維。讓學生自由書寫他們的思考過程，可以幫助他們發現自己過去沒有考量過的學習方式。

● **示範後設認知**。教師口頭說出自己後設認知的過程，做為示範。不斷提到自己的思考過程，可以幫助學生看見後設認知的價值。你可以這樣說：「我在想，這個句子有地方出錯了，因為我知道每個句子都必須有一個主詞和一個述語。我想知道是否可以加上一個述語，好讓這個句子完整。」

● **無風險環境**。創造一個將後設認知看重為學習工具的教室環境。用班規要求學生必須說出自己的思考過程，可以去除這個過程常帶來的脆弱感。

● **鼓勵注記**。鼓勵學生盡可能寫下注釋或注記。可以用紙筆進行或使用數位注記工具。當學生在閱讀時，從用字問題到思考角色發展等等逐一做筆記，會使他們對文本產生更深刻的共鳴與思考。

提升腦力的活動

人的大腦其實喜歡出乎意料的刺激。[34] 我們的大腦連線方式，是為了回應周遭環境不同於尋常的刺激，這就是為什麼日復一日的講課和單調乏味的課堂作業，對於吸引學生的大腦參與學習，可能徒勞無功。

要在教室裡創造一些驚奇與活力，可以透過提升腦力的活動達成。因為提升腦力的活動正好提供學生一個機會脫離正在進行的任務，從事一項全身動起來的肢體活動，會讓學生重新振作精神，恢復活力。就像是從事運動可以讓腦部獲得更多氧氣，而神經元在含氧量充足的環境會發射得更為迅速。我們喜歡告訴學生：「哎喲！我們的神經元拚命工作好建立新的連結，需要恢復活力。提升腦力的時間到了！」

腦力提升的範例

以下是一些在課堂上做簡短腦力提升的點子。當你讓學生進行腦力提升時，務必使用腦部專有名詞，以強調鍛鍊腦部的重要性。

● 人體結（**Human Knot**），又叫「同心合力」。可以在學生休息時利用這項有趣的活動建立團隊精神。請學生站著圍成圓圈，左右手各握住一位非緊鄰隔壁同學的手，形成「人體結」。然後學生必須在不鬆手的情況下擺脫糾結。當班上需要

讓大腦休息及提升團隊精神時，這項有趣且富有挑戰性的解決問題活動會是絕佳選擇。

● **在空中書寫**。請學生起立。問他們一連串問題，題目可以跟課程內容相關，也可以純屬趣味，再請他們用食指在空中「寫」出答案。

● **垃圾抽屜**（**Junk Drawer**）。這個遊戲是即興表演節目《天外飛來一句》（*Whose Line Is It Anyway?*）的橋段。準備一個袋子，裝滿各式零星物品：像是泳池浮條、鍋鏟、大手指加油棒（foam finger）、毛刷等等。請學生把手伸進袋子裡，取出一項物品，並想出該項物品不同於原本用途的創意用法。例如，用泳池浮條充當象鼻。

● **瑜伽時間**。學一些簡單的瑜伽姿勢，在腦力提升時間跟學生分享。簡單的修復姿勢，搭配專注的呼吸，是讓學生恢復精力的絕佳方式。嘗試從將身體下壓並把臉朝上的上犬式、前後腳跟對齊成一直線伸展手臂向上手掌合十的戰士式以及全身的重量改由一條腿支撐，手臂平舉向天空、掌心相對的樹式來入門！

● **YouTube 大腦休息時間**。YouTube 有許多腦力提升的指導影片。手邊準備一份影片清單以備不時之需，當你必須與學生的煩躁不安作戰，而當下又沒有其他計畫時，這就成為你的祕密武器。只要搜尋「大腦休息時間」（brain breaks），你會找到上千支影片。提醒一下，在班上播放影片以前，務必預先看過，以確保內容適合你的班級。

第
四
個
月

我是這個學習團體的重要成員

我們因助人而成長。

——羅伯特 · 英格索爾（Robert Ingersoll）

☑ 研擬與學生建立關係的策略。

☑ 研擬與家長建立關係的策略。

☑ 研擬與同事建立關係的策略。

為何人際關係如此重要

　　在二〇一三年廣受歡迎的 TED 演講《每個孩子都需要冠軍寶座》（*Every Kid Needs a Champion*）中，資深教育工作者麗塔・皮爾森（Rita Pierson）提到了這則與另一位老師的對話：

　　「有一次，一個同事對我說：『他們付我薪水不是要我去喜歡學生。他們付我薪水是要我去教書。學生應該學習。我就該教書，他們就該上課。就是這樣。』我告訴她：『你知道嗎？學生不會從他們不喜歡的人身上學到東西。[35]』」

　　皮爾森主張，學生不會從不喜歡的老師身上學到東西，並不只是出自一位資深教育工作者基於常識的觀察；這是有研究證實的。一項研究提出，正向的師生關係（特別是對被列為在學業上高風險的學生），有助於促使學生在課業上投入更多努力，同時提升他們在學業能力上的信心，而這兩者均有利於增進整體表現。[36] 另一項研究指出，正向的師生關係可以增進學生彼此之間的關係，同時也會提升他們對於課業的參與度。[37]

　　我們曾經說過：成長性思維，一言以蔽之，就是指單純相信智力及能力可以被改變的想法。所以，你可能不禁要問，那一個人的成長性思維跟人際關係有什麼關聯呢？畢竟，只有

「你」可以控制「你的」思維，不是嗎？

可以說是，也可以說不是。雖然只有個體本身才能改變自己的思維，但我們相信，透過穩固發展的師生關係，可望塑造一個適合學生全心接納成長性思維的教室環境。在《心態致勝》一書中，杜維克提到，針對每個學生提出適切、有目標性讚美話語的教師，能夠培養學生的成長性思維。我們相信這只是教師培養學生成長性思維的其中一種方式。事實上，有許多方式可以讓老師影響學生、家長及同事的思維，而最佳起點在於建立美好關係的堅實基礎上。

人際關係自我評估

用這份人際關係評量表（見表格四）進行自我評估，可以幫助你判斷自己對於在校人際關係上，是傾向抱持成長或定型化思維。請快速閱讀後，並在每項敘述後方勾選「是」或「否」作答（見表格四）。

自我評估結果

如果你對大部分的敘述答「否」，你很可能是以成長性思維跟學生、家長及同事建立關係。

如果你有三題以上的問題答「是」，你可能需要多用點心，跟學生及其他校方人士發展有意義的關係。

表格四：人際關係自我評估表

- 我出給學生的作業，通常是我知道他們可以達成的。
  ··· □是　□否

- 我比較不喜歡跟學生分享我個人的生活細節。
  ··· □是　□否

- 我最重要的工作就是主導教學。················· □是　□否

- 學生的私生活與我無關。···························· □是　□否

- 除非有問題發生，否則我不需要跟家長溝通。
  ··· □是　□否

- 我對直升機父母沒什麼耐心。··················· □是　□否

- 我上班不是為了交朋友；我上班是為了工作。
  ··· □是　□否

- 其他老師在他們的教室所做的事，不會影響到我。
  ··· □是　□否

- 如果家長未出席親師會，他們可能並不關心孩子的教育。···□是　□否

- 主管一年只會監督我幾次，所以我不太關注他的意見反饋。··□是　□否

接下來的這一章節，我們會討論如何跟學生、家長及同事建立有意義的互利關係。

師生關係的重要性

為什麼以成長性思維建立關係對於學生成就極其重要？因為任何一位資深老師都會告訴你，皮爾森是對的，學生就是不會從不喜歡的老師身上學到太多東西。如果你希望學生發展成長性思維，並相信自己只要憑藉努力及毅力，就有能力達到高標準，那麼他們就必須知道，你相信他們一定可以成功。

皮爾森在 TED 演講中，提到另一項用來鼓舞學生的技巧，就是和學生一起唸這段箴言：「我是大人物。我來的時候就是大人物。我走的時候會是更棒的大人物。我很有力量，我很強。我值得這裡給我的教育。我有事要做，有人要影響，有目標要達成。[38]」這段箴言的含意，就是成長性思維的精神。皮爾森提醒學生，他們會進步，這不僅僅是可能發生的事，對她來說更是必然的事實。她相信，如果這類箴言重複很多次，就會成為學生生命中的一部分。

抱持定型化思維的學生擔心害怕在老師和同學面前表現出很笨的樣子。他們想要讓所有人知道，他們無時無刻都是何等的聰明絕頂，這就是為什麼他們傾向避免可能失敗的挑戰。因此想要擺脫定型化思維，進入成長性思維，就必須讓學生展露

出脆弱的一面，但他們可能並不樂於在他人面前顯露自己的弱點。但當學生遇到一位老師 —— 一位相信他們、尊重他們、想把最好的給他們，當他們犯錯時也不會論斷的老師，他們可能就會願意放手一搏。

成長導向的師生關係

　　與學生建立穩固的師生關係，是讓學生知道他們是學校與班上學習團體中重要成員的關鍵。以下是與學生建立有效關係的五項基本要素：

1. 學生知道老師對他們的能力有信心。
2. 學生尊敬並喜歡老師。
3. 學生尋求並接納老師的評語。
4. 學生知道成績不如成長來得重要。
5. 學生跟老師在一起時有安全感。

　　● **學生知道老師對他們的能力有信心。**成長性思維的關鍵在於，學生必須相信，憑著恆毅力與決心，他們有能力達成高標準。但試想，如果你覺得你的老師並不這麼認為，那要相信自己會是多麼困難。如果你期待學生對自己的成長有信心，他們必須感受到你也同樣真誠熱切地相信他們。每天提醒學生，你相信他們有能力達成目標，無論是透過完成作業時給予的讚美，或是提供詳細的意見反饋，每一天都有許多練習這項

功課的機會。

● **學生尊敬並喜歡老師**。跟學生建立深度關係的最好方式，是私下關心他們的生活與個人狀況，並花時間了解學生的課外興趣。這些與課業無關的私下閒聊，可以讓你看見學生生活的其他層面：父母離婚、學生罹患某種疾病或健康狀況、父母一方長期不在身邊或入獄。學生來自各式各樣的環境與背景，你對每個學生了解得愈多，愈能跟他們建立深度關係，也愈能量身打造最適合他們的學習方式。同樣地，適當地跟學生分享你的個人資訊，例如：你從前在學代數 II 時遇到什麼瓶頸，或你計畫如何度過這個週末等等，也能夠打造更深的互動關係。

● **學生尋求並接納老師的評語**。在穩固的師生關係中，學生面對評語時，不會充滿防衛心，而會認定那是成長進步過程中的一部分。當學生相信你處處為他們的利益著想，他們會以更有成效的方式回應你的評語。向學生清楚說明，他們的成長是你最重要的優先考量，並讓他們知道，建設性評語的目的是幫助他們進步。如果學生難以用正面態度接受評語，那可能表示你必須加強建立關係，讓學生知道你的評語是出自關心與支持，而非論斷。遇到這種情況，可以把學生帶到一旁，進行一對一的談話，更詳細地解釋你的評語，或安排會面和學生一起討論提出的改變，這些做法都可以讓學生看見你是提供支持的來源。當學生（即使不再是你班上的學生）主動請你針對他們的作品提出誠實評語時，你會知道，你已向前邁進了一大步。

● **學生知道成績不如成長來得重要**。在穩固的師生關係中，你會為學生設立目標，並協助他們設立自己的目標。學生知道成績只是過程中的一部分，只是你用來追蹤整體表現的資料來源，但他們也明白，對你來說最重要的事，是他們達成你們共同設下目標的進度。你們應當針對如何克服挑戰與障礙持續對話，雖然成績對你來說應是有意義的，但成績本身的價值，永遠抵不上它代表的進步。讓學生擁有多次機會學習教材、獲取更好的成績，是向學生展現這項信念的絕佳方式。

● **學生跟老師在一起時有安全感**。曾任教師的哈佛教育研究所研究人員賈桂琳‧賽勒（Jacqueline Zeller）說，學生在校的社交情緒面向，諸如與教師之間的關係，與學業成績並非毫無關聯，而是息息相關的。「當孩子在校愈有安全感，」賽勒說，「他們愈會做好學習的準備。」[39]

學生在你的課堂上以及當你在場時，應當有十足的安全感。你應當努力成為支持的來源，而非痛苦的來源。學生應當清楚知道，你想把最好的給他們，你會保護他們，無論他們犯了什麼樣的錯，你都會無條件地關心他們。我們知道在成長性思維裡，錯誤被視為學習機會，這對社交情緒上的錯誤也同樣適用。如果學生做了一個不佳的選擇，要承認這個選擇是錯誤的，然後以專業態度私下處理，持續予以支持、鼓勵與關心。永遠不要和學生計較。

寫下 SMART 目標

　　寫下兩個符合明確性、可衡量性、可達成性、務實性與及時性的目標，重點放在改善你的師生關係。例如，這週的每一天，我會花兩分鐘和一個學生談談一個跟學校無關的話題。

SMART 目標 1：

_____

_____

_____

_____

SMART 目標 2：

_____

_____

_____

_____

建立關係的策略

　　妮娜‧梅（Nina May）的幼兒園老師有一張印有英文字母的大張圓形地毯。開學第一天，老師要每個學生坐在自己的姓氏首字母上。妮娜筆直往字母 M 走去，卻看見同學凱蒂已經蹲坐在那上面了。妮娜想，一定是凱蒂搞錯了。但不，凱蒂的姓氏首字母也是 M！當這兩個女孩發現她們的姓氏是以同一個字母開始，這彷彿是千載難逢的機緣巧合。她們因為擁有這項獨特的共通點而感到無比興奮。即便後來妮娜因活動需求而被重新安排坐在字母 X 上，但這兩人的友情卻從此堅定不渝。

擁有共通點有助強化關係
↓

　　你可能也目睹過類似場景，好比：「我喜歡芭比娃娃！」「我也喜歡芭比娃娃！」「那我們來當最要好的朋友吧！」聽起來很熟悉嗎？哈佛教育學院副教授杭特‧葛貝特（Hunter Gehlbach）與他的研究團隊，欲探討人們通常對和他們有共通點的人抱持正面態度的概念。[40] 葛貝特與他的團隊特別想要知道，師生關係是否可以藉由所謂的「社會觀點取替」（social perspective taking），也就是透過發現他們在興趣或價值觀上的共通點來加強。換句話說，如果學生和教師發現他們都很迷《星際大戰》（*Star Wars*）系列電影，這項共通點會正面影響他們的關係嗎？

　　葛貝特及研究團隊讓大一新鮮人和他們的教師做了一項調查，請他們列出他們的興趣、價值觀及學習偏好，然後選擇性地跟師生們分享調查結果，特別凸顯出老師和各學生之間共同的興趣及價值觀。

　　葛貝特說：「我們的研究發現，這種介入模式對於改善老師和那些一直得不到充分資源的學生（主要是黑人及拉丁美洲裔）之間的關係成效最佳。」[41]他並繼續說明，這種介入模式幫助資源不足的學生提升成績，進而拉近整體學生成績差距。葛貝特的研究顯示，這種介入模式對於改善師生關係特別有效，同時黑人及拉丁美洲裔學生的成績也顯著提升。

　　為何單只是揭露師生之間的共通點如此簡單的介入模式，就能提升學業成績呢？首先，這讓教師有機會跟學生談論課外話題，做為建立關係的策略。而這些資訊也能幫助教師在教學中結合學生的個人興趣，量身打造適合的學習活動，進而提升學生的參與度。葛貝特同時推論，這會幫助教師視學生為擁有不同興趣與需求的個體，從而影響教師對學生的態度。

　　增進師生關係的活動範例試著想要達成葛貝特的研究結果，有一種方式，就是在學年一開始帶學生進行「認識大家」的活動。盡一切努力認識學生，表示你把學生視為個體，有興趣認識他們每個人，這也比傳統開學日的流程中，列出一大堆「不行、不能、不應、不要」的冗長規則要學生一一遵守，來得吸引人多了。但為了認識學生所做的努力，不應在開學日那天結束就畫上句點。

以下是一些額外的活動及策略，可增進師生的關係。

● **找出共通點**。在學年一開始，花時間找出你和學生之間的個人共通點。用這些共通點來增進你們之間的關係。

● **午餐約會**。跟學生安排個別的午餐約會，這是跟他們建立一對一關係的絕佳方式。

● **兩分鐘的接觸**。在上學前、放學後及休息時間，把「接觸一名學生（特別是遇到困難的學生）、和他談談兩分鐘的課外話題」設定為你的目標。這些簡短的對話，可以讓你對學生的生活有更深入的認識。

● **就說好**。特別注意，當學生提出要求時，盡可能說「好」。給予學生一些自主權，可以幫助他們更加投入。即便是答應一些很小的要求，如：「我可以用綠筆寫這份作業嗎？」也大有幫助。發言權及選擇權是最佳激勵因子。

● **在門口迎接他們**。很老套，但很管用！當學生進教室時，試著一個個迎接他們。你的微笑及友善的問候，有助於建立一堂高成效的課。

● **「認識大家」活動**。抽出時間，特別是在學年一開始，讓學生參與一些幫助每個人進一步認識彼此的活動。這些活動有助於建立班級強烈的向心力，也有助於讓你和全班一起成長。

● **手勢和通關密語**。在學年一開始，設計一些傳達常用指令的手勢或通關密語，用來取代對學生大吼「坐下」或「安靜」。比起試圖用大吼大叫來壓過上課時的吵鬧聲，這種跟學生互動的方式積極正面多了。

● **黃金法則教學**。「想要學生怎麼待你，就怎麼對待他們。」聽來相當簡單，是嗎？但事實上，許多老師在學生身上施展過多權威。讓自己當個恪遵黃金法則的老師，以確保自己不會流於尖酸刻薄、過分懲戒或專橫獨裁。放手為學生樹立規則吧，但要以相同標準自我要求，就算被學生抓到你違反規則也不介意。

● **忘掉課業**。盡量跟學生談論課外話題。找出他們參與的課外活動，善用這項資訊來幫助你展開話題。「前個週末的藝術展情況如何？」「達陣三次？你在週五那場美式足球比賽真是賣力！」這些小小的閒聊讓學生明白，你清楚、並且非常關心他們在教室外的生活點滴。

我們來看看運用這些策略的實際範例。

兩分鐘的接觸 —— H 女士的日誌

每天花兩分鐘的時間跟學生談話，對於建立更好的師生關係，能有深遠的影響。這項策略幫助我更了解學生的興趣、建立信任關係、改善課室管理，並遏止蓄意引人注意的行為。

我試著把這些簡短接觸的活動融入一整天當中。每天早晨上課前，當學生在吃早餐、看書，或走進教室時，我花大約十五分鐘的時間跟他們接觸。我在下課時的操場上、放學排隊等公車的隊伍裡，或是午餐時間，尋找各種跟學生談話的機會。我每天保

留課堂一開始的十分鐘，在學生到達並完成晨間例行活動時，跟他們互動。

　　這些頻繁的接觸時間，讓我有機會更了解我的學生。我可以輕易感受到，他們今天是否有一個美好的開始，或者是否正有事情困擾著他們。我可以運用這些資訊在教室裡持續建立關係。我會用一些簡單的問題展開對話。你最喜歡吃什麼？最喜歡什麼顏色？你昨晚做了什麼事情？你喜歡晴天還是雨天？如果你可以變成任何一種動物，你想當什麼動物？為什麼？這些看似膚淺的話題，往往可以成為展開有意義對話的入口途徑。我刻意保持眼神接觸，主動、真誠地與交談的學生交流。如果學生不想講話，我就等之後再跟他接觸。

　　這兩分鐘的接觸時間，為我製造了許多機會，進一步認識本校的學生。與學生建立互信的融洽關係，讓我能夠適時輔導他們做出安全、尊重他人且負責任的抉擇。我展現對他們的關心，並且看重他們在這個學校團體所扮演的學習者角色。

　　我發現，接觸出現負面行為的學生，特別有幫助。我的目標是提供支持、給予鼓勵的話語、培養成長性思維，並以一種讓學生知道我是真心關懷他們的態度，跟他們互動。這讓我得以跟學生維持關係，有效處理各種擔憂，也有助於修正干擾學習的行為。

　　有意義的師生關係，是塑造正向的學校文化，以及培養學生有能力達成目標的學習環境的核心。兩分鐘的接觸，是與學生展開並建立成長導向關係的絕佳管道。

黃金法則教學的價值 —— B 小姐的日誌

身為新手老師，我發現自己在準備前往每天第一堂課時總是措手不及。我的學生會看見我在鐘響那一刻（有時是鐘響過後）一溜煙飛奔進教室，手裡抓著剛印好的熱騰騰講義，因為剛從走廊瘋狂衝刺過來而喘得上氣不接下氣。開學後幾個月，有位學生在第一堂課遲到了，於是我發給他一張遲到單。

「這不公平，」那名學生說。

「我很遺憾你這麼覺得，」我說，「但規定就是規定。」

「那為什麼你總是違反規定？」他問。

我當下無言以對。

當我站在全班面前向這名學生低頭認錯時，我明白了一件事：就是想要建立一個以我做為榜樣、贏得學生的信任與尊重上的穩固師生關係，絕對無法透過「別管我做得怎樣，就照我說的去做」這樣的方式達成。這名學生很可能並不知道這是我第一年教書。他不知道我可能為了這堂課的課程規劃熬夜。他不知道我家中還有小孩要顧，而且經常覺得在教書的這第一年裡，總是處於千鈞一髮之間。他只看到我為自己設了一套標準，又為他設了另一套標準。而他是對的；這不公平。

「你是對的，」我告訴他，「我會放你一馬，如果你也願意放我一馬。從現在開始，我們都要更準時，做好學習的準備。」

後來，當我回顧這次的互動，我發現當時可能演變為完全不同的方向。如果我堅持遲到規定是用在學生身上、而不適用在我

身上，我當下是行使了我的權威，贏了這場爭辯。但在這個過程中，我卻犧牲了長久以來好不容易從學生身上贏得的尊重。相反地，我將這次經驗視為一個成長機會。我問自己：

⊙ 我每天早上能如何為上課做更好的準備？

⊙ 有哪些方式更能讓我向學生表達我對他們的尊重與關心？

⊙ 我如何更能向學生示範我對他們的期許？

⊙ 我如何在樹立班規的同時，仍視學生為擁有不同個別需求的自主個體？

　　提出這些「如何」的問題，是開始把我的價值觀轉為可達到的具體成果的極佳方式。這些問題是我的成長性思維對話。「能不能」的問題易於喚起定型化思維，而「如何」的問題則會驅使我想出問題的解決之道，而非尋找藉口。我明白，儘管學生和我在教室裡各自扮演不同角色，但我們都有一套特定的行為標準要去遵守，包括我在內。

建構一個安全且滋養的教室

　　這一章，我們把重點擺在可以讓你用來改善師生關係的策略。學生相信你對他們關心與尊重，是建立成長導向教室方式的關鍵要素。正如皮爾森告訴我們的，如果學生不喜歡你，他們就不會從你身上學到東西。如果你想要學生內化你的成長性思維訊息，重要的是，他們必須信任訊息來源。

　　當學生處於一個安全而滋養的環境，學習效果也會更好。這表示你必須把所有規則拋出窗外，並溺愛學生，小心翼翼地呵護他們的自尊嗎？絕對不是。這表示為了讓學生好好學習，包括伴隨而來的所有錯誤與失敗、意想不到的困難與令人難堪的挫折，必須在一個滋養的環境裡進行。我們來看看一個滋養成長性思維的環境是什麼樣貌（見表格五）。

善加回應的老師是關鍵

　　你創造的是滋養教室的環境嗎？如果學生覺得老師對他們的成績態度過於隨便，或不認為他們可以應付挑戰，或相反地，老師過度強調服從與考試成績，學生可能不會覺得這個環境適於投入真正的學習、容許犯錯等。最有效的關鍵在於善加回應的老師——一個提供適度挑戰並回應學生需求的老師。學生的成長性思維在滋養教室裡會得到最大的發展空間，他們在那裡接受大挑戰，並且在克服挑戰時，享有犯錯的空間。

表格五：**教室大不同**

溺愛的教室	滋養的教室	疏離的教室
錯誤被忽視，不會有真正的後果。	錯誤是學習的機會，之後還有第二次（或第三次）機會。	錯誤導致懲戒行為且／或被任意扣分。
學生喜愛老師，因為他讓他們隨心所欲。	學生喜愛老師，因為他鼓勵他們挑戰自我，並回應學生需求。	學生把老師視為專制人物或管理員。
老師相信有些學生就是不適合學習某些科目，而那也沒關係！	老師相信透過努力與練習，每個學生都能在各個學科上有所進步。	老師相信只要他們通過考試，其他事情誰會在乎？
學生感到無助，在學習過程中需要密切管理。	學生管理自己的學習過程，並被鼓勵冒險嘗試。老師擔任輔導或引導的角色。	學生照老師說的去做。如果不照做，他們就是不受教；如果照做了，他們就是「好學生」。

　　寫下三項你可以在教室裡做出的調整，以建立一個更滋養的環境。例如：我可以把幾張椅子置換成瑜伽球，幫助坐立不安的學生在學習時發洩精力。

1. _____
   _____
   _____

2. _____
   _____
   _____

3. _____
   _____
   _____

與家長建立正面關係

　　對於建立關係所投注的努力，應當延伸到學生以外。毫無疑問地，家長的參與對學生的教育具有正面影響。

　　身為教師，我們知道家長關係重大。許多教師，特別是抱持定型化思維的教師，可能只因為某些家長錯過親師會或（又一次）忘記在閱讀紀錄單上簽名，就認定他們漠不關心或不重視教育。然而，當教師們表示「不給予支持及漠不關心的家長日益增多」的同時，最近一項由國家學校公共關係民意調查公布的數據顯示，有百分之六十六的家長抱怨，教師並未持續通知他們課堂上的狀況。[42] 換言之，教師說家長不想要資

訊，而家長卻說教師不給他們資訊。

因此，我們要如何修復這顯而易見的疏離關係？

抱持成長性思維的教師會努力讓家長對孩子的學習歷程感興趣。他們知道，所有家長、監護人及照顧者都有潛力和能力，能夠正面影響孩子的學習成果。不論環境看來多麼受限，他們都會設法尋求管道促成這事。而研究指出，這比你想像的容易。

用簡訊傳達家長有關孩子學習訊息

二○一四年，哈佛研究專家進行了一項實地實驗，在實驗中，負責教導補修學分課程（為未能修得畢業必修學分的學生所開設）的教師，每週要傳一則簡短的訊息給家長，說明學生的在校表現。[43] 有些家長收到的是正面訊息，重點放在學生表現好的部分；有些家長收到的是成長導向的訊息，告訴家長學生有哪些地方可以改進。

當家長收到每週簡訊後，學生補修學分過關的可能性增加了百分之六點五，整體失敗率降低了百分之四十一。收到改進簡訊（重點放在學生可以做得更好的部分）的家長，其子女進步幅度最大，補修學分過關的可能性成長了百分之九。[44]

所以這份研究告訴了我們什麼呢？首先，有效的親師溝通並不一定需要冗長的面對面會談才能奏效。在研究中，老師只是每週傳一則簡訊給家長，對於陷入危機的學生成績就帶來顯

著影響。更重要的是，不必讓家長大量收到教師對孩子的讚美，只要讓他們知道孩子在哪些地方可以改進，事實上就可以達到更好的成果。

傳遞改進訊息時，要說清楚、講明白
↓

我們也遇到有些教師，採取「三明治式」的寫法策略，在兩段讚美的話語中間夾進一段成長訊息。

「德瑞克是同儕的好朋友，總是竭盡所能地善待同學。他目前數學成績不及格，因為他習慣常常不繳作業。但他是班上的開心果，我也很欣賞他的風趣個性！」

想投以家長一劑壞消息，於是用大量的好消息將之層層包裹，用心可佩。但這有點像是把餵狗的藥物藏在肉塊中間。狗是把藥吞下肚了，但終究搞不清楚狀況。同樣地，家長是收到改進簡訊了，但重點已被稀釋至此，以致他們可能不明白你真正想要傳遞的訊息。

你看到了德瑞克的父母從這樣的評語中，得到的混雜訊息嗎？提到德瑞克在繳交數學作業上缺乏責任感的訊息，夾雜在喧賓奪主的讚美聲中，因而消失了。難道這表示你不該向家長讚美他們的孩子嗎？不，讓家長知道孩子的好表現很重要，但正如研究顯示，對學生成績更有助益的是，讓他們知道孩子哪

裡需要改進。在傳遞改進訊息時，你要說清楚、講明白，這一
點是很重要的。

與家長建立成長導向的溝通系統

不妨考慮在學年一開始就建立一個成長導向的溝通系統，
如哈佛的研究案例。以下有一個範例，示範你能如何展開類似
的溝通系統。

首先，讓家長參與你的計畫，跟他們溝通成長導向訊息的
價值。

親愛的家長：

對我來說，在孩子的學習旅程中，我們能合作無間，非常重
要。為了協助您扮演好這趟旅程中的角色，我相信我所能做的最
好的事，就是當孩子在課業的某個領域遇到瓶頸而需要鼓勵時，
讓您知道。這就是為什麼您將會收到我所傳送的每週成長訊息。

每一週，您將會收到一則簡訊，強調孩子可以改進的領域。
請用這則訊息鼓勵您的孩子在該領域更加努力，並且從錯誤中學
習。我也會不斷地讓您知道，孩子在課堂上的所有良好表現！但
成長訊息會把重點放在他們面臨挑戰時需要特別鼓勵的領域。

以下是成長訊息範例：

艾莉卡覺得我們正在進行的數學新單元「分數」相當困難。她在家若能規律練習「分數」這個單元，並接受更多指導，將會很有幫助。

以下是您可以回應的方式：

協助艾莉卡完成數學作業（或找會的親友幫忙）。

鼓勵艾莉卡在課前或課後找我幫忙。

在艾莉卡迎接這項新的學習挑戰時，給她一些鼓勵的話。例如：「我很欣賞你在學『分數』時所投入的努力。」或「我以前在學『分數』時也很頭大，但如果你繼續努力，一定會搞懂的，就跟我當年一樣。」

在家提供艾莉卡一些額外資源，加強「分數」方面的指導。例如，在她的平板電腦下載應用程式，幫助她練習「分數」。

成長訊息的目的，不是為了懲罰學生在某方面做得不好；而是當孩子努力學習一項富挑戰性的觀念時，我們要一起合作，給予鼓勵的訊息，強調勤奮用功與專心致力的價值。記住，如果孩子沒有遇到挑戰，就不會把他們的學習潛力發揮到淋漓盡致！我堅信家長在孩子的教育上扮演關鍵角色，而成長訊息是我用來增進我們之間合作關係的方式，確保您的孩子盡可能擁有最好的學習體驗。

您孩子的教師　敬上

引導家長正確參與孩子教育

　　身為教師，你的工作之一是指導家長。多數家長沒有教育學位；在協助孩子上，他們需要引導。這並不表示你必須耗費大量時間收發電子郵件、開會、跟家長對談，而是在學年一開始，就讓家長知道你期待他們的參與。讓他們知道，你打算讓他們參與孩子的教育，並給予他們明確的指導，提供各種可以在這過程中有所建樹的方法。

　　在孩子早期就灌輸他們自我效能（self-efficacy）的觀念，非常重要。他們應當了解過度倚賴稱讚與完美所伴隨而來的危害。正如杜維克在《心態致勝》中所寫的：「如果家長想要給孩子一份禮物，他們所能做的最好的事，就是教導孩子熱愛挑戰、對錯誤感到好奇、享受努力，以及持續學習。」

　　運用一些簡單的策略，老師就可以協助家長與孩子之間建立杜維克所描述的那種成長導向關係。這裡有一些其他建立親師溝通管道的點子。善用這些工具，讓家長知道課堂上的狀況，如此一來，這些價值與觀念就得以在家中強化。

與家長之間的溝通策略

　　從培養課堂上成長性思維的角度而言，與家長保持聯繫並建立關係，對某些學生來說，可能會帶來天壤之別的影響。可以嘗試以下幾項策略：

● **安全教室通訊**。用 Remind ★編注6 這個簡訊應用程式，從你的行動裝置安全地傳送訊息給家長。

● **班級要聞通訊**。定期寄發數位或紙本通訊，主要報導目前的學習狀況。藉此機會深入指導家長，協助他們在家中嘗試新的教養策略。

● **社群媒體**。幫學生建立主題標籤（如：#Fabulous4thGrade 或 #SmithGrade6），讓家長可以透過推特、Instagram 及臉書等社交媒體平台，看見課堂狀況。

● **線上會議**。很難安排跟家長面對面的時間嗎？用 Google Hangouts、Skype 或 FaceTime 線上聯絡。

● **班級頻道**。透過 YouTube 或其他影片平台，建立一個影片頻道，讓家長有機會一窺教室動態。

● **投票與問卷**。透過投票與問卷，持續檢視家長對你的教學法抱持的合作態度與理解狀況。網路上有許多免費方案，如 Google Forms 等，只要寄出投票與問卷，就能迅速地收到統計結果。

● **學生部落格**。讓學生透過 Kidblog 或 Seesaw 建立部落格，在部落格上分享他們的學習過程，包括在教室裡經歷的活動、挑戰、錯誤與成功等等。

★編注6　Remind 是 2009 年推出的一款適用於學校師生及學生家長的美國網際網路通訊應用，教師可用它來發布短小的調查問卷並錄製語音消息，十分便利。目前，Remind 擁有超過 1,800 萬名用戶，其中包括約 100 萬名教師和 1,700 萬家長及學生。

● **簡報**。鼓勵學生用 Adobe Voice 製作簡易版簡報，分享他們的學習。學生可以上傳照片、文本及聲音檔到簡報裡，再透過電子郵件或社交媒體分享。

如同我們之前所說的，如果學生在校接收的是成長訊息，在家接收的卻是定型訊息，他們會感到無所適從。與家長分享成長訊息，並邀請他們加入行列。誰也說不準，或許你會在這過程中，轉變了一些原本抱持定型化思維的家長呢！

與同事建立關係的策略

當丹在本地高中展開他的第一份教學工作，有人告訴他，教師們中午都會在自助餐廳和學生一起用餐。這並非強制規定，但有點潛規則的味道，如果他選擇不參加會很奇怪。起初丹覺得備受困擾，因為身為新手老師，他完全可以預料自己的午休時間，一定是弓著背苦守在影印機旁，並隨便抓個三明治草草果腹了事。但有趣的事發生了。丹很快就開始期待跟同事們共進午餐。他們有時會談到教學方面的東西，但大都是閒聊他們在校外的生活狀況。這些共處時光讓丹和同事們建立了深厚情誼，後來當他到其他學校任教，不再有這樣的午餐之約，才發現自己萬分想念。

當教師和同事之間建立穩固的關係，會對整個學校文化都有助益。而就像跟學生之間的互動一樣，你跟同事之間若缺乏

穩固的關係基礎，就無法跟他們分享成長性思維。像學生一樣，在其他教師願意接受你的成長性思維訊息以前，他們必須知道，你相信他們身為教育工作者所具備的能力。

以下是一些方式，可以讓你增進與校內同事之間的關係，並且向他們學習：

● **良師益友。** 你永遠都有學習的空間，無論如何，在你的教室大樓，一定有人會有一些寶貴資訊可以跟你分享，把他找出來！同時也不要向指導他人的機會說「不」。這是分享與反省你的最佳教學實務經驗的機會，你在指導的過程中也可能會學到一、兩樣事情。

● **教師專業學習社群（PLC）。** 建立或加入一個教師專業學習社群。如果你已參加，就嘗試擔任一個更活躍的角色。在這裡，你會有很多機會向其他教師學習、跟他們合作，並分享你關於成長性思維的所學。

● **委員會。** 積極參與！要求加入一個你有熱忱參與的委員會。你將有機會跟那些和你擁有同樣熱忱的教師對話。

● **主題式學習（PBL）計畫。** 以同學年、跨學年或跨學科為單位成立小組，一同規劃專題式學習單元。專題式學習可以讓學生在製作長期專題的過程中，培養合作技巧，同時也提供教師合作機會。

● **協同教學（cooperative teaching）。** 跟另一位老師協同教學一個班級。努力與協同教學的老師合作、溝通，並向他學習。可以安排為班級之間的長期狀態或短期合作。

● **讀書會**。每一季為教師們挑選一本以教育為主題的書籍閱讀，然後聚會討論讀後心得感想。這項策略肯定會激起有趣的對話、增進彼此之間的關係，並啟發新鮮的點子。

● **建立個人人際關係**。教師之間的溝通，未必非談公事不可。設法跟同事展開真摯友好的對話，談談他們的私人生活。對於某個樂團或棒球隊的共同愛好而形成的情誼，或詢問對方的家庭或嗜好，均有助於建立友好關係。

● **興趣清單**。在學年一開始，分發興趣清單給教師們，然後公布結果。平時沒機會共事的教師，可能會透過共通的興趣而增進彼此之間的關係，創造更具凝聚力的學校文化。

現在寫下三種與同事聯絡感情與建立關係的方式。例如：今年，我要加入課程委員會，花時間跟其他對課程與教學有熱忱的老師共處。

1. _____
   _____
   _____

2. _____
   _____
   _____

3. _____
   _____
   _____

關係為何重要

　　我們為何要花一整章的篇幅來討論建立關係？因為關係可以帶來截然不同的影響。抱持定型化思維的教師會說，他們沒什麼好向學生、家長或同事學的東西。但抱持成長性思維的教師卻知道，其他人是他們在工作與生活中得以成功的最佳盟友。抱持成長性思維的教師重視他人，因為他人可以教給我們許多東西。

　　如果你想建立一個成長導向的教室及學校文化，花時間建立關係是必要的。如果口頭上說你相信每個學生透過勤奮與努力就有潛力成功，你的實際行為卻背道而馳，那有何益處呢？本月的每月箴言是：「我是這個學習團體的重要成員。」不要只是告訴人們你重視他們，要竭盡所能讓他們感受到你的重視，相信在建立關係上所投注的努力，對於你的個人及專業成長，將會非常值得。

第
五
個
月

我們愛挑戰！

若不曾深陷難關，如何知道自己的高度？
——托馬斯 · 艾略特（T. S. Eliot）

☑ 教導學生公平與平等之間的差異。

☑ 研擬策略，挑戰所有學生予以回應與負責。

☑ 設定並傳達你對所有學生的高期望。

成長的公式

　　二〇一二年七月，美國進步中心（Center for American Progress）研究小組針對每半年進行一次的國家教育進展評測（National Assessment of Educational Progress）所取得的學生調查資料深入鑽研，驚訝地發現，表示在校缺乏充足挑戰的美國學生竟出奇地多。[45] 儘管美國因為把學生考到筋疲力竭而惡名昭彰，但仍有壓倒性數量的學生表示課堂缺乏挑戰經驗。以下是根據研究者分析的調查資料所發現的其中幾項結果：

⊙ 百分之二十九的美國八年級生及百分之三十七的四年級生表示，數學作業通常或總是過於簡單。
⊙ 百分之五十七的八年級生認為，歷史作業通常或總是過於簡單。
⊙ 百分之二十一的美國高中生表示，數學作業通常或總是過於簡單；百分之五十五的高中生表示，歷史作業通常或總是過於簡單。

　　換句話說，接受調查的美國八年級生中，有近三分之一表

示在校缺乏挑戰。尋求並熱愛挑戰，是成長性思維的基石之一，因此提供充足的挑戰，對於發展成長導向課堂來說十分關鍵。如果堅持、毅力與頑強是成長性思維的基礎，我們必須給學生機會磨練這些特質。

杜維克經常強調具挑戰性的學習任務之重要性。她在《教育領導月刊》（*Educational Leadership*）中寫道：「至關重要的是，不要讓學生一次又一次不費吹灰之力就獲得成功；這種經驗會塑造定型化思維，認定只有『不努力就成功』，才叫聰明。」[46]

挑戰是成長性思維的關鍵；沒有挑戰，學生就沒有機會嘗試冒險、學習失敗，以及從中領略到如何重新站起來。這種杜維克所稱的「進步感」（sense of progress）是發展成長性思維的核心。緩慢跋涉邁向精熟，是一趟艱難但令人滿足的旅程，因此有這麼多美國學生表示他們沒有機會走入這趟進步之旅，不免令人沮喪。

這個月，我們的重點是，以能夠發展成長性思維的方式，挑戰你的學生。請你在課程規劃與課綱設計上發揮創意，以確保教室裡的每位學生都獲得充足的挑戰。我們也依據經驗，發展出一套可以持續帶來成效的公式，並予以分解說明：

滋養的環境＋富挑戰性的課業＋高期望＝成長

上個月，我們談過創造一個滋養教室的重要性，處於滋養教室的孩子會覺得自己有能力冒險學習。現在我們來分解這個

公式裡的另外兩項要素：提供學生富挑戰性而精確的學習機會，以及為教室裡的每名學生設定進步與達到成就的高期望。

提供富有挑戰性的課業

　　我們相信，所有學生都必須挑戰有意義的課業；並不只是擁有天分的學生，而是所有學生。你班上的所有學生都應當相信，他們每天做的功課有其目的，而這個目的應當驅策他們付出努力以邁向精熟。他們可能並不喜歡課業內容，但課業本身必須具有意義與價值。向學生傳達課業的意義與價值，應當是首要之務；如果連你自己都無法明確地表達你所教導的課程其背後目的，那麼也許你根本就不該教這堂課。

　　當你在規劃一個足以挑戰所有學生的課程時，可以自問以下問題：

⊙ 所有學生是否都正在投入於這種富有挑戰性的課業？
⊙ 我是否有將教材予以差異化，讓所有學生覺得具有足夠的挑戰性？
⊙ 學生是否被鼓勵嘗試冒險？
⊙ 我如何表揚學生接受冒險與克服挑戰的行為？
⊙ 當學生遇到阻礙，有哪些現有資源可以幫助他們？
⊙ 學生是否看見此過程中的價值？

⊙ 我能做什麼來達成每位學生的學習目標？

⊙ 我要如何得知學生是否投入富挑戰性的課業？我要留意什麼地方？

⊙ 有哪些現有資源可用？我需要尋找其他資源嗎？

⊙ 預期結果是什麼？我如何判斷學生是否理解概念？

⊙ 若有學生未達預期結果，我要怎麼做？

⊙ 我要提供學生哪些選擇？

⊙ 我要如何鼓勵好奇心？

⊙ 我如何提供合適的引導練習？

⊙ 我知道學生偏好的學習風格嗎？

⊙ 我需要哪些資源以協助學生成長？

⊙ 我如何在作業及任務分派上予以個別化？

⊙ 我如何向學生展現我對他們的學習充滿熱忱？

⊙ 我是否設定了課堂期望，鼓勵學生與同伴或成立小組有效地合作？

⊙ 我的學生知道如何互相尊重地彼此「指導」嗎？

⊙ 我是否相信所有學生都能學習？

　　在你規劃課程時，自問以上幾項或所有的問題。一幅清晰的畫面將會開始浮現，讓你看見自己是否已盡力挑戰各個學生。如果所有學生面對的都是完全一樣的期望，那麼很可能有些學生會遇到不適宜個人發展的學習挑戰。將你的期望予以差異化，意味著你正在回應學生的需求，無論需求為何。過去你

所就讀的學校，可能全班所有學生拿到的是相同的習題，並被期望在同樣的時間內以同樣的方式完成。如今這已不再被視為最佳教學法，這也就是為什麼教師（及學生）必須了解公平與平等之間的差異。

公平與平等的差異

在向學生解釋公平與平等的概念時，我們有一幅可以完美詮釋此概念的圖畫。

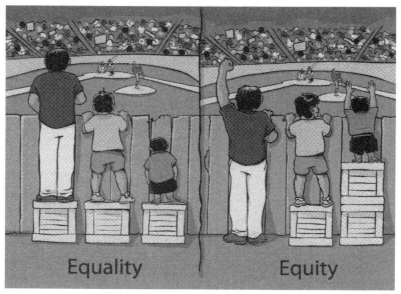

平等　　　　　　　　　　　　　　　公平

在這幅兩格圖畫裡，幼兒、兒童及成人都站在高高的圍欄後方。圍欄的另一端，一場棒球賽正在開打，而這三個人都想要看見球賽進行的狀況。左邊那格圖畫描繪的是「平等」，三個人都站在一個木箱上。在這幅圖畫裡，平等被定義為「彼此相等」。原本就看得到圍牆外的成人，現在有了箱子的幫忙，遠遠高過圍牆；兒童有了箱子的輔助，現在也看得到圍牆以外；但幼兒即便站在箱子上，仍然看不到圍牆外的比賽。

右邊那格圖畫中，公平被定義為「公正」。成人不再擁有箱子，但仍然看得到圍牆以外；兒童保留他的一個箱子，可以看到圍牆外的比賽；幼兒現在有了兩個箱子，終於也可以看到圍牆外的比賽。這是公平。即便每個人的需求並不相同，圖畫裡的每個人都取得了成功所需的資源。[47]

平等是每個人都獲得一個箱子（相等）；公平是每個人都可以看到比賽（公正）。我們來複習一下平等與公平的定義：

平等（Equality）：相等的意思。
公平（Equity）：公正的意思。

努力在教室裡創造一個公平、而非平等的環境。教師很容易會混淆公平與平等而陷入迷思，誤以為公平的意思就是所有學生都獲得完全一樣的工具、資源與機會。但事實上，教室裡的每個學生都需要不同的資源來達到成功，而找出那些資源是什麼，是教師的職責。

要判斷學生需要什麼樣的資源以達到成功，一個有效的方

法就是直接問他們。在成長性思維教室裡,展開有關公平的對
話是必要的。有些學生可能一開始會不好意思要求額外資源或
特別輔導,不過,一旦全班學會公平與平等之間的差異,學生
就會更容易開口要求他們所需要的資源,因為現在有了一個簡
單的理由:公平。以下是用來教導學生公平與平等之間差異的
迷你課程。

公平與平等的課程規劃

學習目標

↓

當這堂課結束時，學生將能夠：

⊙ 說明公平與平等之間的差異。

⊙ 列舉公平與平等之間的差異。

所需的資源與教材

↓

⊙ 一碗 M&Ms 巧克力

⊙ 彩虹糖，或其他小糖果、小點心

⊙ 電腦

⊙ 投影機

⊙ 網路連線

⊙ 公平與平等敘述表

⊙ 紙張

⊙ 繪圖／書寫工具

教學方法

↓

首先，發給每位學生一顆糖果。問：「我給了你幾顆

M&Ms？」當學生回答「一顆」時，你接著說：「對，我給你
們每人一顆 M&Ms。這叫平等。」

步驟 1：為平等下定義

然後為平等下定義：「平等是相等的意思，表示每個
人都被同等對待；就像今天這個例子，我們都拿到等量的
M&Ms。」

讓學生把糖果吃掉。

步驟 2：藉由活動認識公平的定義

再把全班分為兩組，發給每人一張便條紙。指導 A 組同
學寫出一個人不需要或不想要 M&Ms 的種種原因，例如：
「我對巧克力過敏。」「我早餐吃太飽了。」指導 B 組同學
寫出一個人需要或想要 M&Ms 的種種原因。例如：「我真的
好餓！」「我嗜甜如命，迫不及待想吃巧克力。」如果學生想
到的句子有點好笑也無妨。

把便條紙收回來，再重新發下去，讓所有學生拿到其他同
學寫的便條紙。拿著那碗 M&Ms 巧克力在教室裡巡一圈，請
學生依據手中便條紙上的敘述，接受或拒絕你的 M&Ms。當學
生拒絕，就走到下一位同學身旁繼續；當學生接受，就請全班
依據該學生手中便條紙上的敘述，決定發給他幾顆 M&Ms。例
如，「我真的好餓」也許可以得到五顆 M&Ms，而「我愛巧克
力」或許只能得到一顆或兩顆。

　　發完 M&Ms 後，說：「這是公平。公平表示給予人們
所需要的。你們當中有些人並不需要或想要 M&Ms，但有些
人要。於是，我們依據誰最需要 M&Ms，運用我們的判斷去
分配。這是公平。有時候在班上，我會運用我的判斷提供同
學需要的資源或協助，如延長完成時間、選擇性的替代作業
方案、以有聲書代替教科書等等。這是我們這個教室裡的公
平。並不是每個人都需要同樣的事物。現在我們來看看一張傳
達這個概念的圖畫。」（見 139 頁的畫）

步驟 3：教學生判別公平或平等

　　把先前討論過的公平與平等圖畫展示給學生看。指著描繪
平等的圖畫問：「當這三個人都得到一個箱子，發生了什麼
事？」學生可能會回答：「有一個人看不到。」「有人不需要
箱子，卻還是拿到了一個。」再指著描繪公平的圖畫問：「當
人們只拿到他們需要的箱子數量，發生了什麼事？」學生可能
會回答：「每個人都看得到了。」這時候你可以說：「是的，
這是就公平。每個人拿到的箱子數量並不相等，但每個人確實
得到了成功需要的資源。我們再來看看一些關於公平與平等的
例子，請幫我判斷這些情況是代表公平還是平等。」在你逐項
唸出表格六上的敘述時，鼓勵學生深入討論每個情況代表公平
或平等的原因。

表格六：**公平或平等？**

	公平	平等
老師給沒吃早餐的同學一根燕麥棒。		
參與遊戲的所有學生都得到一張貼紙做為獎賞。		
視力不佳的同學總是可以坐在教室前方。		
每位學生輪流餵養班級寵物。		
老師問哪位同學需要鉛筆，然後給需要的同學一枝鉛筆。		
哥哥必須完成作業，父母允許他可以比一般上床時間晚睡。		
你和姊姊都獲得鄰居贈送的情人節卡片。		
妹妹的鞋子破了個洞，所以她得到一雙新鞋。		

　　在朗讀完這些情境後，請學生畫出或寫下他們曾經歷過的一個公平的例子，和一個平等的例子。

步驟 4：檢視理解狀況

　　檢查學生作品，判斷作品是否正確傳達公平與平等的含意。在課堂上持續適時提及「公平」與「平等」這兩個詞彙，以加強此概念。

差異化與挑戰

　　差異化是落實教育平等的例子。找出將教材差異化的獨特方式，以滿足學習者的各樣需求，讓所有學生感受足夠的挑戰性，是建立促進成長性思維課程的關鍵。差異化通常發生於以下三大領域：內容、過程或成果。

- **內容：**學生在學什麼。
- **過程：**學生如何學習。
- **成果：**學生如何展現學習成果。

為面對挑戰不足的教材差異化策略

　　總是會有一些學生似乎毫不費力就能掌握概念、完成任務，所以透過差異化，為這些學生設立額外的挑戰，十分重要。為什麼？我們來看看在校未獲足夠挑戰的典型學生心聲是什麼：

　　這堂課有夠無聊！我根本不必念，就可以每次考滿分。我討厭老師出的作業。我明明已經會了，但只要拼錯字或沒有列出完整算式，就會被扣分。

　　我為什麼要解釋我是怎麼會的？我就是會呀！偶爾課堂上會做一些有趣的事，但並沒有深入到我想要的層次。我只想盡快做

完該做的事，就可以看我的書或去玩電腦了。又或者我不要做算了。

　　當學生未獲充足挑戰，他們會感到挫折。以下是為了需要更多挑戰的孩子，在內容、過程及成果各領域將教材差異化的策略。

策略	說明	差異化類型
預先評估	判斷學生的學習起點。評估他們的現有知識。他們已經知道了什麼？提供學生遠超越於其學習起點的延伸課程。	內容
各種類型與程度的課本	提供各式各樣的教材。提供想要延伸學習的學生額外教材。提供各種程度的課本。	內容
學習契約	跟學生立約，雙方共同決定適於發展的學習進程。	內容／過程
有彈性的步調	讓學生以自己的步調完成教材；避免嚴格的時間限制。	內容
高階思考	運用布魯姆分類學（Bloom's taxonomy），設計促進高階思考的活動；擺脫「理解」與「記憶」之類用語，朝向「分類」與「建構」之類的詞彙發展。	過程

策略	說明	差異化類型
分組討論	學生與同伴討論問題及想法。	過程
選擇性作業	提供學生選擇展現學習成果的方式。例如，學生可依據選擇設計關於書籍的應用程式或桌遊，取代傳統的讀書報告。	成果
必須做及可以做	提供學生一份必須優先完成的作業清單（如觀賞教學影片），以及一份有價值但次要的作業清單，學生可以在完成第一份作業後再做（如編碼活動）。這麼一來，就再也沒有人無事可做。	成果

為面臨瓶頸的學生設計差異化方式
↓

另一方面，當全班多數學生已準備進入下一單元時，還是會有學生可能依舊卡在某個概念上，無法理解。以下是面臨瓶頸、需要差異化的學生典型心聲：

為什麼我身邊的每個人似乎都懂了？我一定很笨。我覺得自己好像總是落後，跟聰明的同學比起來，我要花兩倍的時間才能完成作業。如果我現在搞不懂，大概永遠都不會懂了。但願老師上課不要叫我回答問題，因為我完全不懂他在講的東西。他可能

只會給我們十五分鐘完成作業，而我花在擔心那討厭的時鐘上的時間，會比我花在完成作業上的時間更長。這門課真令人洩氣，我不如放棄算了。

　　為面臨瓶頸的學習者提供支持，是促進課堂平等的關鍵。在學生尚未掌握一個概念時，就急著趕下一個進度，很容易建立起「我這方面很糟！」的態度而加深定型化思維。不妨考慮將精熟整體概念或是技巧的過程，拆解成較小、較易於克服的挑戰。

　　以下是為面臨瓶頸的學生所設計差異化方式：

策略	說明	差異化類型
分級教材	提供各種程度的教材。	內容
視聽教材	提供不同媒介傳達教學內容，如影片、播客（podcast）、教程（tutorial）等。	內容
圖像組織	提供大量學習新知與組織架構的工具。	內容
拆解課程	把複雜的任務拆解成易於處理的部分或單元。	過程
動手操作	運用動手操作的器材，讓學生實際體驗互動學習。	過程

策略	說明	差異化類型
拼圖式合作學習（Jigsaw Learning）	學生在小組裡協力完成被指派的任務。每個成員對學習均有貢獻。	過程
作業的選擇	讓學生選擇如何展現學習成果；學生可以作詩、演短劇、寫報告等。	成果
多樣化評量指標	避免無視學習差異、一視同仁的評量指標。	成果

　　所有學生都來自不同地方、以不同步調學習。你可能注意到以上兩個表格的差異化策略，整體來說同時適用於缺乏挑戰與面臨瓶頸的學生。絕佳的差異化策略，其特點就在於彈性。教師必須能迅速調整給學生的挑戰。差異化是尊重學習差異的一種方式，運用技巧在課堂的學習內容、過程及成果展現上，提供更多公平的機會。

個別化學習與挑戰

　　教育研究者、作家及演說家肯·羅賓森（Ken Robinson），以二〇〇六年的 TED 演講「學校扼殺了創意嗎？」（Do Schools Kill Creativity?）贏得國際掌聲，該片點閱率已逾四千

萬次。二〇一五年，羅賓森出版了《讓天賦發光》（*Creative Schools: The Grassroots Revolution That's Transforming Education*）一書，擘畫藍圖以澈底改革他所謂的美國拙劣教育體制。羅賓森在書中寫道，教育個別化是矯正現行極度疏離之「工廠」模式的解藥。「教育應當讓年輕人不僅能夠進入他們周遭的外在世界，也能夠進入個人的內在世界。」他說。[48]

學生主導式學習已成主流

↓

無論你是否同意羅賓森對於美國教育的看法，力求尊重學生的自主權、學習風格、興趣與熱忱的個別化學習，都是愈來愈受歡迎的教學法。或許這是挑戰與吸引學生參與的最好方式：善加利用學生的個人喜好，將其編入包羅萬象、有助於未來社會體驗的相關課程。

由於個別化學習與學生主導式學習已在課堂上漸受歡迎，教師們正實驗融合各種方法，如 20% 時間（20% time）、天才一小時（genius hour）、熱情專案（passion projects）及探究式學習（inquiry-based learning）等，藉由提供與學生熱愛事物相關的學習機會，鼓勵學生參與有趣而富挑戰性的工作。這也是讓學生在個人學習上施展發言權與選擇權的方式。現在我們來略加說明其中幾種方法。

20% 時間。 撥出 20% 的時間，提供學生自行安排個人學習的機會。20% 的時間源自於 Google 的公司政策，他們讓員

工每天撥出 20% 的上班時間，從事個人懷有高度興趣的專案。依照這個理論，撥出時間從事有熱情的專案可激發創新與創意，而這些創新與創意也會湧流到工作上的其他領域。對學生來說，這種方式也會促進深度學習，並激勵他們在課堂以外的時間持續學習。

● **熱情專案**。學生發想一個可以驅策他們進行學習的基本問題。他們在這個過程中，必須判斷自己已經知道什麼、以及想要學習什麼，然後展開行動計畫，以回答基本問題。學生因此有機會主導個人研究、設計學習歷程、反思挑戰過程，並分享學習經驗。

● **天才一小時**。天才一小時提供學生機會，依據他們的熱忱與興趣，每週撥出一小時，投入個人喜好，設計自己的學習歷程。教師鼓勵學生創新，引導學生把所學應用在解決問題上，同時在過程中提出其他衍生的問題。教師在整個學習過程中，扮演促進學習與指導學生的角色。

● **探究式學習**。激勵學生根據自己對某個特定主題或概念所提出的問題深入學習。教師不跟學生分享他們應當知道什麼或是將要學習什麼，而是開啟一個由學生主導的課程，鼓勵他們根據自己提出的問題與探究式過程進行學習。在探究式學習的過程中，教師回應學生的方式是提出更多問題，這會激發好奇心與研究精神。學生可以利用上課時間彼此交流，針對各人的解決方案與成果進行批判性思考。

差異化中的冒險 ── H 女士的日誌

　　開學第一天，當我正準備用一個大型彩色算盤，向我的幼兒園學生介紹「一對一對應」的概念時，才發現自己得善用各種資源，來幫助一名程度遠超過幼兒園數學課程的學生。

　　我對新生們提出的第一個問題是：「有誰知道這個工具叫什麼，或者我們在幼兒園裡要怎麼使用它嗎？」我請學生找一名同伴分享他們的看法。我的下一個問題是：「你覺得這個算盤上有幾顆算珠？」學生們開始提出各式各樣天馬行空幼兒園式的答案，從四十到一百萬的答案都有。這時候喬登突然開口了：「剛好一百顆。」我問喬登怎麼知道答案，想他要不就是十個十個數過，要不就是在圖表上畫出來。

　　「我知道每排有十顆算珠，而這裡總共有十排。十乘以十會得到一百。」喬登就事論事地說。不用說，這名學生已經超越用「一對一對應」的方式學習從一數到一百的程度。根據開學前我請所有家長填寫的興趣清單，我知道喬登自三歲起就熱衷閱讀，對周遭世界深感興趣。他的好奇心旺盛，具備主導自己學習的內在動機。

　　那天稍晚，我問喬登想在幼兒園裡學什麼。他想了一會兒，告訴我，他好想學怎麼看時間。太好了！我們擬了個學習計畫，幫助他學會看懂類比時鐘上的時間。這對喬登來說是個絕佳起點，也成為協助他理解其他具挑戰性的學習領域的關鍵。

　　喬登在面對具有高度結構性及語言邏輯的課業時，很快就能

理解概念，但當他遇到自由作答、需要批判或創意思考的課業時，很容易就覺得困難與挫敗。聰明如他，也可能需要花上數小時才能朝學習目標邁進一小步。他需要高度個別化的教學計畫，也需要建立成長性思維的課程。我必須確保他對於接受冒險感到自在，並一再強調學習必經的努力與過程。我請喬登的家長在家中提供更多失敗的機會，並跟他討論失敗隨之而來的感受。我也希望他們跟喬登談論期望、「還沒」的力量，以及如何解決問題，或對問題提出批判性思考。

喬登擁有積極的學習態度，但他若無法迅速回答問題或認為自己可能答錯，很容易就會用「我不知道」敷衍了事。如果真的答錯，他也會變得非常沮喪。我知道我必須教導喬登如何不屈不撓，而我必須在一個高度成長導向的教室裡才辦得到。我必須讓他知道，我的教室是一個安全的環境，可以承擔冒險、容許犯錯，並且認識自己。

我運用圖像組織與時間軸的高結構系統，挑戰喬登以他的語言強項為基礎，建立學習上的信心。當我提供開放式活動，讓喬登擬訂自己的學習歷程，或當學習成果並未為他明確訂定好時，他會感到迷惘。比方說，在日記寫作的過程中，我會提出一個問題，要求學生用他們自己的知識、想法和經驗作答，或提出其他問題、描述他們是如何嘗試尋求解決方案，或只是畫一幅詳盡的插圖，呈現他們的思考過程。

這可以幫助喬登建立控制感。我們共同建立了一個自在的學習架構，透過往前邁進，而非沉浮於恐懼無法正確答題的不安泡

沫中，培養他的毅力。寫作是鼓勵與挑戰他思考的有效方式。沒有對或錯的答案，只有他的思維，以及他如何支持他的思維。最重要的是，這是一個安全的思考環境，所有學生分享他們的文章，收集同儕的想法，彼此支持，在學習中成長。我們是一個學習者社群，各自處於不同的學習狀況，但全都奮力前進，挑戰自我，超越自我。

以木星為主題的探究式學習，是喬登在班上進行的第一個獨立專題。他具備研究木星的內在動機。他對於太空探索具有濃厚興趣，我運用他的這份興趣做為平台，鼓勵他投入高階學習。我希望他學習提問、尋求解答，並在解答中衍生更多疑問。我希望他解決問題、批判思考、嘗試新的解決方案、經歷失敗而決定嘗試新的計畫、創新、堅持，然後與同儕分享學習成果及歷程。現在你可能會想，這對一個五歲孩子來說，不免要求太多，但我可以向你保證，學生在一個安全的學習環境裡，能夠迎接挑戰。他們會在學習旅程中彼此協助、主動學習，並且用心解決問題。

我鼓勵喬登設計一款幫助同學練習乘法的桌遊，以提升他的創意。他本來就懂一點乘法，但他因此學到了面對不懂的知識時可用的策略。在這個過程中，他學習如何說明他的思考過程、設計數列，將他的知識運用在解決除法問題上，並以大家的興趣為基礎，為同學們設計好玩的互動遊戲，強化他的創意思考。

喬登在班上向同學進行調查，以了解他們對於桌遊的偏好：骰子或卡片、前進時獲得的點數、兩人玩或四人玩等等。他收集資訊，開始計畫、設計、一次又一次地打造與重造遊戲。他甚至

想出其他改善遊戲的方式。他聽取同學的意見，將他們的想法加入遊戲中。

　　透過教學法的差異化，喬登得以專注發展像是解決問題這類的必備技巧。他透過電腦科學作業、學下棋、解邏輯謎題，以及參與合作學習，來磨練毅力。這些事情對他來說，具有傳統課程沒有的挑戰性。我相信努力滿足喬登的學習需求，會幫助他的心智成長，鼓勵他享受挑戰，激勵他與旁人合作，並強化他的成長性思維。

個別化學習是有價值的學習

　　我們了解教師需要有一套標準，來幫助學生在學習上達到精熟。但「一視同仁」無法讓所有學生投入並遵守這些標準。當然，有些觀念或許適合團體教學，但未必一定要總是這麼做。個別化教學讓教師有機會以傳統團體教學無法做到的方式，賦予學生挑戰，吸引學生參與。從小事做起，先從探究式學習專題開始實驗，讓學生決定他想學什麼，以這做為起點打造學習計畫。甚至在某些教室裡，每名學生都是依照量身打造的個別化學習計畫上課。

　　杜維克認同個別化學習計畫是提供學生具挑戰性、具意義的課業的絕佳方式，因為個別化學習結合學生興趣，獲得學生參與，並具備展現學習成果的要素[49]，提供學生和其他同學交

流知識的機會。教師在可行範圍內，盡力把個別化學習發揮到最大，將獲得強大的效益。事實上，學生往往在不得不全心投入以達到成功的課業上，感受到更高的自主性。

設定高期望

羅伯特・羅森塔爾（Robert Rosenthal）是研究期望科學（即期望如何影響成果）的知名學者。一九六〇年代，羅森塔爾讓他的心理系研究生在不知情的狀況下參與了一場期望研究。[50] 他給學生一般的實驗室老鼠，要他們訓練老鼠走迷宮。有些學生被告知自己拿到的老鼠是受過特殊培育的「聰明鼠」，具有走迷宮的基因天賦；有些學生則被告知他們的老鼠是「愚笨鼠」，走迷宮的能力低於一般水準。事實上，這些都不是真的：這些老鼠就只是普通的老鼠，因此我們想當然耳地會認為牠們在走迷宮時應該會表現得不相上下。

但研究結果顯示，被假列為聰明鼠的老鼠在學走迷宮時，表現顯著優於愚笨鼠。是什麼造就了這樣表現上的差異？羅森塔爾相信，是學生所獲得關於自己的老鼠是聰明或愚笨的訊息，引發他們產生對於成果的特定期望。這些期望轉化為導致各種自我應驗預言（self-fulfilling prophecy）成真的互動方式。相信自己持有聰明鼠的學生表示，他們對老鼠的表現較為滿意。跟持有愚笨鼠的學生相較，他們對聰明鼠較為友善、給予

較多鼓勵，同時也較不會大聲說話、較專注在牠們身上。當學生相信老鼠在走迷宮時會表現良好，老鼠就產生相應的行為表現。羅森塔爾相信，是研究者對老鼠能力賦予的期望，影響了研究者與老鼠之間的關係，進而為較優秀表現鋪路。

畢馬龍效應

羅森塔爾在《美國科學家》（*American Scientist*）中發表實驗結果，說道：「如果老鼠被賦予高期望，就會變得更聰明，那麼認為孩子被老師賦予高期望，就能變得更聰明，應該不算牽強。[51]」這個論點誘導羅森塔爾在學校嘗試實驗，結果發現一種現象，他稱之為「畢馬龍效應」（Pygmalion Effect）。在實驗中，羅森塔爾對幼兒園到小學五年級的學生進行智力測驗，讓老師相信測驗結果將顯示哪些學生在該年的智力成長會遙遙領先，因為那些學生是「資優生」。然後研究者提供老師一份標注為「資優生」的學生名單。事實上，這份名單完全是隨機選取，跟偽造的智力測驗結果毫無關係。

一年後，受測學生當中的百分之二十，亦即被列為擁有特殊成長潛力的學生，表現出跟聰明鼠如出一轍的結果。他們的平均表現優於未被列為「資優生」的學生。如同老鼠實驗中的研究者，老師對「資優生」設定高期望，於是透過口語及非口語的溝通，傳達高標準的期待。結果呢？學生成功地迎接挑戰，達成老師的高期望。

　　一名參與羅森塔爾研究的教師貝芙莉・坎特洛（Beverly Cantello），在二〇一五年的《發現雜誌》（*Discover Magazine*）中坦言，儘管當她知道自己在研究中扮演的角色時，一開始感到不悅，但這卻深深影響她日後的教學生涯[52]。她接著表示，自己後來寫出更多有關莫內與世界地理的「精緻課程計畫」，同時也更敏銳地察覺到她的期望，對於學生成就扮演了不可或缺的角色。後來羅森塔爾列出四項要素，說明高期望何以激發好表現。[53]

羅森塔爾四要素	
氣氛	教師對寄予厚望的學生展現出溫暖而熱絡的態度。
輸入	教師投入較多時間與精力在寄予厚望的學生身上。
輸出	教師常叫寄予厚望的學生回答問題，對他們展現較多信心。
回應	教師對寄予厚望的學生，給予更大量的優質回應。

成長性思維與羅森塔爾四要素的實踐

↓

　　問題是，在羅森塔爾列舉表示高期望的要素中，有許多行為是潛意識的。不經意地發怒、皺眉、拍背、微笑，這些都是教師及所有人不假思索就會有的舉動。教師每天做的上百種非口語動作，可以向學生傳達各式各樣的感受與態度，也可能提升或阻礙學生的成就。但正如坎特洛所說，意識到低期望會對學生造成何等的傷害，足以幫助教師刻意設定高期望，並相信每個學生都具備達成期望的潛力。就教師而言，這些信念可能透過傳達高期望的肢體線索或不經意的動作顯露出來。

　　正如成長性思維的運作方式，我們必須相信成功是可能的，才會奏效。不妨考慮在羅森塔爾列舉的四項領域裡，嘗試實際執行幾項策略。

羅森塔爾四要素的實踐

	氣氛	輸入	輸出	回應
1	建立班級規範，明定程序與行為規範，讓所有學生熟悉班級常規。	擬訂學生可以採行的策略。例如，在解決問題上，你可以擬一個「先問三個人，再來問我」的協定，鼓勵同儕互動。	讓學生彼此指導嘗試新方法、研究、複習功課等等。	當學生在某個問題上遇到瓶頸時，提供「還沒」的回應。用「你只是現在還不會」代替「你不會」。

	氣氛	輸入	輸出	回應
2	使用正向而適當的肢體動作強化氣氛（如擁抱、擊掌、擊拳、特殊握手方式等）。	提供學生明確的佳作範例，讓他們知道你的期望。	展示呈現學生進步或努力的作品，而非完美的作品。	避免沒有實質幫助的回應，如「做得好」或「好極了」。永遠要避免以偏概全的負面評語，如「你是壞孩子」。
3	對每個孩子微笑，與他們溫暖互動；避免嘆氣、怒瞪、一直翻白眼。	讓所有學生一起擬訂評量指標。確定所有學生都非常清楚老師的期望。	提問題時要輪流叫到每個學生，並給他們一樣的時間作答。	具體說明你喜歡學生作品的哪些部分。
4	提供學生課業自主權。	採用「我先做，然後我們一起做，最後你來做」（I Do, We Do, You Do）逐步釋出責任的方法；這包括在一起學習的過程中，透過直接教學及引導練習予以示範。	讓學生獨立練習。	當學生完成學習任務及獨立練習時，提供強調努力的具體意見反饋。

	氣氛	輸入	輸出	回應
5	對所有學生的個人生活表示關心，以傳達你對他們的尊重。詢問並關注他們的背景。確保課堂使用的書本、音樂、詩作及時事話題可以呈現學生的多樣性。	在時間、注意力、輔導及資源上力求公平；確保每名學生都能取得成功所需資源。	詢問所有學生的想法與意見；尋找正向管道讓學生有所貢獻。	發回與檢討未完成的學生作品時，對於學生可以改進的部分，提供明確指導。
6	跟所有學生保持堅定的眼神接觸；教師通常較少注視他們期望較低的學生。	檢視所有學生的學習狀況，確保他們方向正確。	提供所有學生練習技能的機會。	永遠要提供學生針對評語改進與重繳作業的機會。
7	設法靠近所有學生；老師通常會讓他們期望較高的學生坐在教室前方。避免這個做法。	讓所有學生都有相同的機會請教師回答問題、提供指導。	給所有學生額外加分、專題企畫、擔任班級幹部和執行班級任務的公平機會。	永遠要傳達你相信學生的成功潛力；運用適當的讚美強化成就及正向表現。

正確的回應與讚美，可以強化成長性思維
↓

　　無庸置疑地，大量研究告訴我們，學生會注意到我們所傳達表示期望的口語及非口語訊息。過去我們已經知道，明確教導學生成長性思維，可以提升他們的成就，而研究發現，表達你的高期望，也可以強化他們的成就。

　　德州大學教授大衛・葉格及史丹佛大學教授傑弗瑞・柯恩（Geoffrey Cohen）——兩人都是杜維克的合作對象——合力進行了一項研究，刊載在《實驗心理學雜誌：總論》（*Journal of Experimental Psychology: General*）當中。研究中有一部分，是請七年級生繳交一篇描寫自己崇拜的英雄的作文草稿。教師照常地給作文評分，針對文法錯誤、用字及主旨是否清晰提出評語，再加上他們通常會給予的鼓勵。接著，研究者在每名學生的文章上，隨機黏上兩組不同內容的便利貼。一組便利貼提供的訊息是「明確回應」，上面寫著：「我給你這些建議，是因為我對你寄予極高的期望，而我知道你可以達成。」而對照組的便利貼內容則是較不鼓舞人心的訊息：「我給你這些建議，讓你有機會再回頭檢視你的作業。」然後兩組學生都同樣得到一次可以重繳作業的機會。

　　結果顯示，收到明確回應的學生，把握機會修正並重繳作業的比例，遠高過同伴。而收到高期望訊息的非裔美國學生，比起未收到改進訊息的同伴，其重繳作業的比例，驚人地高出百分之六十。研究者推論，學生只有在評語中包含了教師

相信他們有能力達到高水準表現的訊息時，才能真正從評語中受益，傳統上資源不足的學生尤其如此。缺乏心理上的回饋激勵（「我對你寄予極高的期望，我知道你可以達成」），單靠作業上的評語本身，對於幫助學生改進學業成績，成效明顯較弱。

　　結合努力與高期望，可以創造促進成長性思維的完美情境，但唯有當學生面對挑戰與瓶頸時，教師予以鼓勵，才得以完成。正確的回應與讚美，可以成為強化成長性思維及努力不懈價值的有力動機，但錯誤的讚美與意見反饋，則會使學生陷入定型化思維的漩渦裡。

第六個月

意見反饋是禮物，接受吧

持續收到意見反饋非常重要，你會不斷思考做過的事，
以及如何做得更好。——伊隆・馬斯克（Elon Musk）

☑ 分辨個人讚美與歷程讚美。

☑ 擬訂有效回應的策略。

☑ 教導學生如何在與同儕討論時運用有效回應。

讚美的陷阱

　　在二○○七年由博・布朗森（Po Bronson）撰寫、刊載於《紐約雜誌》（*New York Magazine*）的《如何不對小孩說》（*How Not to Talk to Your Kid*）一文中，杜維克詳述她向四百名紐約學校五年級生施行的一項實驗。[54] 實驗過程如下：

　　首先，杜維克的研究助理讓這群五年級生進行一項簡單的解謎測驗。在解謎完成時，研究者以下列兩句話當中的一句，給予每名學生讚美：

你一定很聰明。

或

你一定很努力。

　　然後學生可以選擇第二輪想要進行的測驗：是像第一輪一樣簡單的測驗，或是比第一輪困難許多、但研究者強調會從中學到很多的測驗。有趣的是，絕大多數被稱讚聰明的學生，選擇進行簡單的測驗。而被稱讚努力的學生中，有百分之九十以上，選擇了困難的測驗。

　　杜維克推論，被稱讚聰明的學生，只做他們認為老師、家長，以及現在的研究者期待他們做的事：不計任何代價也要表現聰明。杜維克與同事再進行一次這個實驗。學生們第一輪還是進行非常簡單的測驗，但這次沒有選擇，所有學生都必須進行比第一輪困難許多的第二輪測驗。事實上，研究者知道所有學生都會失敗。後來，每名學生確實都在這輪困難測驗中失敗，但在第一輪測驗後被稱讚努力的學生，將他們的敗績歸因於缺乏專注。研究者注意到，這群孩子「（在測驗中）非常投入，願意嘗試各種解謎方式。」

　　另一群被稱讚聰明的孩子，則相信他們未能成功，是與他們的智商直接相關。在結束第二輪困難的測驗後，杜維克與同事讓學生再進行第三輪測驗，這次是簡單的測驗，預料第二輪困難測驗的經驗可能會影響第三輪測驗的表現。果然，被稱讚努力的學生，從第一輪簡單測驗到第三輪測驗，成績顯著進步。相反地，被稱讚聰明的學生，第三輪簡單測驗比第一輪測驗的成績，退步了百分之二十。發生了什麼事？似乎是當學生在難以應付的測驗中徹底失敗，無法符合研究者最初對他們做的智商評估時，他們的自信心瞬間瓦解。

　　正是在這些簡單實驗的背景裡，杜維克開始構想定型與成長性思維的概念。杜維克看到，當學生被讚美聰明時，他們會想緊緊抓住那份讚美，而變得比較不願接受冒險與挑戰，以免危及他們被賜予的「聰明」標籤。在本質上，學生是出於自我保護而進入定型化思維，避免犯錯或可能違背最初的智商評

估。相反地，被讚美努力的學生則沒有這樣的不安。他們能夠在成長性思維裡安然站立，因為犯錯不過是努力與嘗試新事物的必然結果。

更好的讚美方式

　　本月我們的第一個目標，是教你分辨「個人讚美」與「歷程讚美」之間的差異（見表格七）。個人讚美強調學生的個人特質與才能，例如智力。「你好聰明」就是常聽見的個人讚美。這種讚美的問題在於，它傳遞的訊息是：學生成功是由於他們與生俱來的天賦才能，而非他們的努力用功。

　　而為獲得讚美所承受經歷的「歷程讚美」，語氣的重點在於著重承認努力、策略或行動造就成功，聽起來比較像是這樣：「你真的非常努力」，傳遞的訊息是，投入大量的努力會導致成功。

　　同樣的概念也可以應用在建設性批評上。個人批評是把失敗或挫折歸咎於個人特質的意見反饋：「你的數學不靈光。」歷程批評則強調所投入的努力方向錯誤或是努力不夠：「這項策略對你無效。你可以試試其他什麼辦法呢？」（見表格八）

表格七：**個人讚美與歷程讚美的差異**

個人讚美	歷程讚美
你是數學天才。	這些問題給你的挑戰不夠多。我們來做點其他能真正鍛鍊你的大腦的事吧！
你好聰明。	我喜歡你用不同策略解決問題。
你是好孩子。	我欣賞你不用要求，就主動打掃藝術中心。
真是才華洋溢的藝術家！	你對於學習繪畫所做的努力，在你的作品中展露無遺。
你是天生的作家。	你的文章顯示你已了解用字遣詞的重要性。

表格八：**個人批評與歷程批評的差異**

個人批評	歷程批評
你真的搞砸了。	這似乎對你無效。你可以用什麼不同的方法處理這個問題？
你盡力了，但就是不夠好。	雖然未達成目標，但你學到了什麼？
也許鋼琴就是不適合你。	繼續練習。你每天都會離琴藝精進更接近一點。
你真是頑皮的小孩。	你做了不好的選擇。下次你會有什麼不同的做法？

想創造安全牌的小孩或是挑戰者呢？

↓

　　看見這之間的差異了嗎？針對個人讚美或批評，是與學生的智力或其他個人特質連結在一起，會使他們在面對挑戰或未來可能犯錯時感到不安。打安全牌總比當個笨蛋好，對吧？但當教師把成敗與努力、策略或行動連結在一起時，孩子不會受到全面評價，而是在此時此地，針對這個單一事件受到評價。這一刻，無關天賦才能及個人特質，學生更能了解努力與成功之間的關聯。這一刻，無關聰明或愚笨。這一刻，一切都與不屈不撓的精神與學習過程有關。

　　杜維克說，個人讚美是把成功歸於個人的特質或才能，當一個人成功時，這種讚美或許無傷大雅。[55] 但當學生無可避免地遇到挫折時呢？如果他們相信自己的成功是歸因於個人特質，那麼那些同樣的個人特質，也必須為失敗負責。多數人並不喜歡感覺像是糟糕的失敗者，因此，理論上，他們會避免在未來接受挑戰以維護自尊。換句話說，因智力及完美而受到稱讚的學生，在遇到無法展現這兩項特質的課業時，會退避三舍。然而，當讚美著重於過程時——這是與個人完全分開的——對方對於接受新挑戰，以及在面對錯誤、挫折時展現復原力的意願，就不會因自我效能嚴重受損而輕言放棄。

具體評語勝過寶拉式讚美

↓

　　教師可能落入的另一種陷阱是給予不具體的讚美。你知道我們所講的那種讚美：那種簡短、常出現在貼紙上、使用閃亮書寫體的讚美字句，如「你真了不起！」及「好棒！」即便如「做得好！」及「做得很棒！」這種字句，雖然嚴格來說也算是歷程導向的讚美，但含糊其詞，並未提供學生太多訊息。

　　一篇發表於人氣教學部落格「教學法崇拜」（Cult of Pedagogy）的文章，將這種讚美稱之為「寶拉式讚美」（Paula Praise），這指的是寶拉・阿芭杜（Paula Abdul）在歌唱實境選秀節目《美國偶像》（American Idol）裡的講評技巧。[56] 寶拉和西蒙・高維爾（Simon Cowell）在給予意見反饋這方面都亟需改進。多數人都對西蒙的尖酸刻薄印象深刻，如「你的聲音宛如吸塵器裡的貓在叫」或「你的歌聲像是雪兒（Cher）剛看過牙醫」。西蒙的回應或許通常缺乏同情與幫助性，但十分具體。相反地，寶拉的讚美則是完全令人聽過就忘。大量的「好極了！」及「太棒了！」但內容貧乏。你永遠可以指望寶拉給予模糊不清的讚美，但同樣地，卻永遠無法真正信賴寶拉。（見表格九）

　　這種不具體的意見反饋，問題在於缺乏上下文；它並未指出學生做得好的部分。如果你要把讚揚「做得好！」的貼紙貼在學生作品上，務必另外用便條紙寫上有效的評語或給予口頭評論，確切描述學生在過程中做得好的部分。

表格九：模糊式讚美與具體化讚美的比較

模糊式讚美	具體化讚美
你真了不起！	你為這次數學作業的「分數」所投入的努力很了不起。
做得很棒！	做得很棒，文章寫得鉅細靡遺。
做得好！	你在舞蹈發表會的演出做得很好，可以看出你有充分練習。
好棒！	好棒的策略；真是有創意的解決問題方案。

　　教師不是教室裡唯一傳達讚美與回應的人。學生也經常需要給予彼此讚美與回應，並且評論他們自己的表現。下表（見表格十）左邊是一些常見的個人讚美與評語，你可能會無意中從學生那兒聽到，右邊則是如何改變措辭，將那些評語轉為經歷讚美與回應。

表格十：如何將個人評語改為經歷讚美回應

個人讚美／評語	歷程讚美／評語
我不會多項式長除法。	你只是「還」不會多項式長除法！
蒂娜是班上最聰明的學生。	蒂娜這次考試考得很好。你該問問她的讀書方法。
這對我來說太難了。	難才好！這才表示你在學習。

教師意見反饋句型

↓

運用意見反饋句型是一種簡單的方式，可以確保你在學生的作業上，提供的是歷程導向的有效回應。

● **如何運用這項資源：**影印意見反饋句型、剪成長條狀，寫出具體的歷程評語以完成句子，然後貼在學生的作品上。

我注意到你是如何……
看看你在……的進步有多大
我看見這項作業跟……之間的差異
我欣賞你在……的努力
我看得出來你真的很享受學習……
如果你……是否會有所改變
你有沒有考慮過嘗試運用其他策略在……
你目前方向對了，或許可以考慮……

　　另一種幫助學生從歷程讚美與評論中獲益的絕佳方式，是主動教導他們如何給予彼此讚美與回應。我們來看看在 H 女士的教室裡，學生是如何傳達讚美與評論。

有效的同儕回應 ── H 女士的日誌

　　在我的幼兒園教室裡，學生每天都有時間發展寫作技巧及練習造句。寫作前的構思，是從畫出他們的想法，並學習如何把細節加進圖畫裡開始。我發現透過「我先畫，然後你來畫」的模式給予逐步引導，可以幫助學生建立繪畫技巧，提供他們設計方法，也給我一個透過真實示範歷程讚美以點出學生努力的管道。

　　在引導繪畫的時間當中，我告訴學生，擁有好的學習態度（成長性思維）何等重要。我提醒他們，處理一項新技巧何以具有挑戰性，而透過我們經歷的瓶頸，我們的心智得以拓展。當學生練習繪畫時，我在教室裡走動，給予學生歷程讚美與評論。個別化的評語、提出問題、提供對策，以及陪伴他們度過瓶頸，幫助我建立一個成長導向的教室環境。學生會聽見我這樣說：「繼續努力；你還沒到達目標。」或「你是否試過其他方法？你可以問問湯米是怎麼畫的。」或「哇，我可以看出你正在把學到的房屋素描技巧應用在你的圖畫裡。」或「我真喜歡賽琳娜在她的圖畫裡加了這麼多細節。我看得出她真的很努力地超越自己。」

　　學生也會和同伴或在小組裡分享他們的寫作及插畫，主動尋求評論以改進他們的作品。在讓學生分享作品以前，我會給他們

上一堂迷你課程，講述學生在指導同儕修正作品時，提出有效評語的具體技巧及策略。

　　當學生和其他同學聚在一起時，我指導學生針對同伴做得好的地方，給予歷程讚美。當學生給予彼此歷程讚美，你可能會聽到他們這樣說：「我真喜歡你在圖畫裡添加那些細節，來表示那是夏天。」或「你真的很努力把我們學到的常見字彙用在你的句子裡。」或「很棒，你記得在句首的第一個字母要大寫。」

　　然後我會鼓勵學生運用歷程評論，提出修正的評語以指導同伴。同儕之間的指導聽起來像是這樣：「我覺得你還要努力練習拼我們剛學到的常見字彙；你要不要用做動作來記單字？」或「你可以在圖畫裡加入其他哪些細節？」我會明確教導學生如何運用歷程評論指導同伴做修正。當同儕彼此指導時，提供學生句型並給予立即的評語，有助於他們發展這些技巧。

　　學習給予有效的讚美與評論需要練習。讓學生具備這些技巧，幫助我們建立了一個成長導向的教室環境。學生願意面對挑戰、承擔冒險，並接受同儕的協助。每一天，我們運用有效的意見反饋，思考可以改進的方式，在學習者社群一起努力幫助彼此成長。

學生意見反饋句型

↓

意見反饋句型在同儕評論的過程中也很實用。這些句子幫助學生提供其他同學寶貴的歷程導向回應。

● **如何運用這項資源：**影印意見反饋句型、剪成長條狀，寫出具體的歷程評語以完成句子，然後貼在學生的作品上。

你的作品有一個很了不起的地方是……
我真的很喜歡你……的方式
有個對我來說很有幫助的方法是……
這可以改進，只要……
我最喜歡的部分是……
我注意到……

改變讚美方式並不容易，需要專注而謹慎地培養給予歷程讚美的習慣。你會不只一次逮到自己正在說出個人讚美，而被迫快速地切換為歷程讚美模式：「你好聰明……地堅持不懈通過挑戰，因為你是一個勤奮認真的人！」天呀！有時候真是積習難改，但好消息是熟能生巧。（你接到這個歷程讚美了嗎？）

改變讚美的措辭 —— B 小姐的日誌

一旦我認識了成長性思維，我就開始四處留意它的運作。我最喜歡帶小孩去的地方之一，是位於堪薩斯州托彼卡（Topeka）沃西本恩大學（Washburn University）校園的馬爾文藝術實驗室（Mulvane ArtLab）。坐落於大學美術館下方的藝術實驗室，是一間色彩鮮豔的地下室，充滿取之不盡的美術用品、大量的樂高積木，以及適合小孩進行的藝術創作。

一次參觀過程中，我那剛滿三歲的女兒正在認真地進行水彩畫。一名藝術實驗室的工作人員經過我們的桌子，女兒得意洋洋地把她的畫作高舉起來，問那位女士：「你喜歡我的畫嗎？」那名工作人員毫不遲疑地回答，「問題應該是，『你』喜歡你的畫嗎？」女兒經這麼一問，在她消化這個重新定向的回應時，安靜了半晌，然後興奮地開始解釋她選用的顏色，以及圖畫裡的各個面向。

對我來說，這場對話加深了我原本就相信的成長性思維力量：建設性的回應與讚美，可以打開心房。只消一個問題，這位

女士就讓我的女兒從一個沒有安全感、尋求肯定的幼兒，轉變為一名歡欣投入的小孩，自信地描述她在圖畫裡投入的思考與努力。重組我女兒的問題，把尋求讚美轉變為練習批判思考，激底改變了這段對話的能量。我發現自己經過數天後仍在思索那場對話，我想，若是那位女士當下打發式地拋下一句「喔，很漂亮！」就掉頭走開，我可能完全記不起她的隻字片語。

　　在我認識成長性思維以前，我可能不會認出在藝術實驗室的互動是一個反省與成長的大好機會。我必須不好意思地招認，我甚至可能認為那位女士粗魯無禮，居然拒絕讚美我家小孩的藝術創作！但因為我知道在童年早期培養成長性思維的重要性，我因此非常感激這位女士。並且，我希望在我孩子們的生命中，有更多大人願意竭盡所能地幫助他們進步，而不是以捏造出來的讚美打發他們。我和女兒在藝術實驗室的經驗證明，即便是非常年幼的學習者，都有能力以批判性思考及深思熟慮的反省，回應歷程讚美與建設性評論。

歷程讚美的長期益處

　　在童年早期發展過程中，嬰兒、幼兒及學前兒童所接收到的讚美，都會對他們造成顯著的影響。大腦突觸在童年早期的形成速度，比一生中任何其他階段都要來得快，這表示孩童形

成的大腦連結、發展的思維及習慣，將會伴隨著他們進入長遠的未來。

　　芝加哥的研究者追蹤五十三名幼兒的家庭生活，從他們出生後不久開始，每四個月探訪一次。在探訪過程中，研究者錄下九十分鐘的親子日常互動影片。[57] 約莫兩年後，當研究結束時，影片對話被寫成文字紀錄，而家長在日常互動中對孩子的讚美，被歸類為歷程讚美、個人讚美或「其他」讚美。其他讚美包括非具體的正面評論，如「哇！」或「畫得好！」這些無法明確歸類於歷程或個人讚美的回應。

　　大約五年後，研究者再度探訪這些已經就讀小學二、三年級的孩子，請他們填寫一份有關思維與動機的問卷。結果一目瞭然：家長提供歷程讚美多過個人讚美的孩子，在接受新挑戰時，展現正面態度，同時呈現較多的成長性思維特質。

比讚美更好的事

　　我們知道，給予孩子的讚美類型，可以塑造其定型化或成長性思維。因此，留意你給予的是個人讚美或歷程讚美，非常重要。

　　但據杜維克觀察，多數家長及教師無論如何都會過度讚美。然而發展成長性思維的絕佳方式，不是在事後給予歷程讚美，而是在孩子努力完成一項任務的過程中，與他們互動。杜

維克說，任何時候要是可以用參與代替讚美，那就去做吧：
「賞識孩子。提出問題。如果看到孩子運用有趣的策略，可
以向他們請教。跟他們討論思考的過程，以及如何從錯誤中學
習。」[58]

第
七
個
月

沒有計畫的目標只是願望

任何值得追求的成就，無論大小，

必有單調沉悶的工作階段，也有大獲全勝的歡欣喜悅：

有開始、有奮鬥、有勝利。—— 甘地（Mahatma Gandhi）

- ☑ 了解恆毅力如何影響精熟程度。
- ☑ 指導學生研究恆毅力的真實範例。
- ☑ 分辨表現目標與學習目標。
- ☑ 幫助學生擬訂表現目標與學習目標。

思維的神奇力量

　　奧布麗・史坦賓克（Aubrey Steinbrink）任教於美國德克薩斯州的達拉斯／沃思堡區（Dallas / Fort Worth）的春園小學（Spring Garden Elementary），是一位六年級語言藝術老師。當她偶然接觸到成長性思維的概念時，立即明白到，那將大大改變現況。

　　史坦賓克在最恰當的時間發現成長性思維。當時，二〇一二年的學年度即將進入尾聲，雖然她教導的那群四年級生在州立評量測驗表現良好，但她覺得他們並未培養堅持不懈、挑戰自我或超越現狀的能力。簡單地說，她覺得自己好像辜負了他們。但是，正如她所說的：「宇宙聽見了我的心聲，允許我再教他們一年，擔任他們的五年級老師。」[59]

利用成長性思維教室形塑孩子的教育溫床

　　接著她著手把教室改造為成長性思維區。她用心規劃教室，期能反映成長性思維的精神。在教室布置的選擇上，她目標明確。她擬訂了一個每日課堂暖身活動計畫，包括呼應成長

性思維的歌曲、影片及繪本，其內容反映了她急切希望學生汲取的訊息。

在她致力分享成長性思維原則不久之後，學生開始展現出意味深長的轉變。她開始在走廊、學生餐廳及校內各處，聽見她在教室裡倡導的成長性思維訊息。她看見校內她所教的學生展開更多團隊合作，並強調努力的價值。

成長性思維至此似已站穩腳步，但她最大的挑戰才要到來。史坦賓克教到一批面對艱難挑戰的學生，他們之前未通過州立測驗，現在必須重考，否則無法升至下一年級。

史坦賓克說，這些學生相信「他們骨子裡」就是笨，任何激勵士氣的精神喊話都聽不進去。於是她開始教導他們神經可塑性的科學原理。她告訴他們，大腦就好像肌肉一樣，可以成長；她也告訴他們有關神經元與樹狀突的連結。學生觀賞關於大腦的影片，甚至演起大腦連結的冒險故事。

毫無疑問地，當州立評量測驗成績於數週後揭曉時，這群之前抱持懷疑態度的學生明白到，他們不僅能夠通過令人卻步的測驗，同時在整個預備的過程中，也拉近了原本顯著的學習落差。

在教室宣導「智力是進程的結果，而非天賦基因」
↓

史坦賓克再度跟著這群學生升上了六年級，她每天持續不斷地將成長性思維融入課程中。學年一開始，她介紹大腦發展

科學，讓學生了解大腦學習與儲存新知的方式。史坦賓克喜歡
播放描述成長性思維運作的影片給學生看。她會播放一個片
段，然後要求學生畫出成長性思維的例子，並與他們個人生活
做連結。她帶入建立團隊的練習及腦筋急轉彎等等，一切都是
為了讓學生走出舒適圈。但她在成長性思維訓練中最重要的環
節，或許是幫助學生設定目標。

她的學生要設定每日目標、每週目標、單元目標及學年目
標。她不斷挑戰他們找出新的解決問題策略方案，並加強他們
的弱點。她的學生透過檢視自己的形成性評量資料並擬定改進
策略，用心反省學習狀況。

在成長性思維教學上，史坦賓克從學生身上獲得大量的正
面回應。她經常在無意間聽見學生彼此用成長性思維訊息對
話，例如「試試看嘛」、「又不會怎麼樣」。她看見學生彼此
融洽相處，因為在她的班上，他們一起展露出自己的弱點，一
起嘗試新事物。史坦賓克說，成長性思維在某種意義上，為她
的學生鋪設了一個公平賽場，因為他們終於明白，智力是進程
的結果，而非天賦基因。

史坦賓克是教師如何能培養學生成長性思維的完美例子。
她告訴學生，自己在忙碌的教學工作與碩士學位課程之間力求
平衡；她告訴學生，自己熱愛的五公里馬拉松背後的辛苦訓練
故事；她也公開分享個人的奮鬥與成功，讓學生看見成長性思
維如何能陪伴、支持一個人面對生命中的各個面向。

「我看見學生設定目標，超越他們原本的期待，而且不讓

挫折攔阻他們，」史坦賓克說：「他們有動機、感到快樂、目標導向，我以身為他們的老師為榮。」[60]

　　下列是史坦賓克最喜愛的成長性思維資源：

書籍
↓

⊙《愛德華的神奇旅行》（*The Miraculous Journey of Edward Tulane*），凱特‧狄卡密歐（Kate DiCamillo）著。

⊙《陪著你走》（*Freak the Mighty*），羅德曼‧菲爾布里克（Rodman Philbrick）著。

⊙《洞》（*Holes*），路易斯‧薩奇爾（Louis Sachar）著。

⊙《馬尼亞克傳奇》（*Maniac Magee*），傑里‧斯皮內利（Jerry Spinelli）著。

⊙《伊利亞德》（*The Iliad*），荷馬（Homer）史詩。

⊙《瑪蒂達》（*Matilda*），羅爾德‧達爾（Roald Dahl）著。

⊙《男孩：我的童年往事》（*Boy*），羅爾德‧達爾（Roald Dahl）著。

⊙《馬什菲爾德的夢想》（*Marshfield Dreams: When I Was a Kid*），雷夫‧弗萊徹（Ralph Fletcher）著。

⊙《邁可‧喬丹——飛人祕笈》（*I Can't Accept Not Trying: Michael Jordan on the Pursuit of Excellence*），麥可‧喬丹（Michael Jordan）著。

歌曲

⊙《吉屋出租》（*Rent*）原聲帶。

⊙《想像》（*Imagine*），約翰·藍儂（John Lennon）演唱。

⊙《普通人》（*Human*），克莉絲汀·派瑞（Christina Perri）演唱。

⊙《征服者》（*Conqueror*），《嘻哈世家》（*Empire*）電視原聲帶。

⊙《金剛不壞》（*Titanium*），梅迪琳·貝莉（Madilyn Bailey）演唱。

⊙《竭盡全力》（*Try Everything*），夏奇拉（Shakira）演唱。

⊙《全神貫注》（*Eyes Open*），泰勒絲（Taylor Swift）演唱。

⊙《戰歌》（*Fight Song*），瑞秋·普萊頓（Rachel Platten）演唱。

⊙《學到的教訓》（*Lessons Learned*），凱莉·安德伍（Carrie Underwood）演唱。

影片

⊙《失敗》（*Failure*），麥可·喬丹（Michael Jordan）拍攝的耐吉（Nike）廣告。

⊙《當幸福來敲門》（*The Pursuit of Happyness*）的面試片段。

⊙《凱蒂·佩芮：做自己》（*Katy Perry: Part of Me*），「絕不放

棄」（Never Give Up）片段。

⊙《成功的要訣是什麼？是恆毅力》（*Grit: The Power of Passion and Perseverance*），安琪拉・達克沃斯（Angela Lee Duckworth）的 TED 演講。

⊙《23 vs 39》，麥可・喬丹（Michael Jordan）拍攝的開特力（Gatorade）廣告。

⊙《查理・布朗》（*Charlie Brown*），全系列任何一集。

繪本

⊙ *Wilma Unlimited*，Kathleen Krull 著。

⊙ *Stand Tall, Molly Lou Melon*，Patty Lovell 著。

⊙ *Malala Yousafzai*，Karen Leggett Abouraya 著。

⊙ *The Invisible Boy*，Patrice Barton 著。

⊙《謝謝您，福柯老師！》（*Thank You, Mr. Falker*），派翠西亞・波拉蔻（Patricia Polacco）著，和英出版。

⊙ *Oh, the Places You'll Go*，蘇斯博士（Dr. Seuss）著。

⊙《狐狸》（*Fox*），瑪格麗特・威爾德（Margaret Wild）著／藍・布魯克斯（Ron Brooks）繪，遠流出版。

詩作

⊙ *Never Enough*，Marina Lang 著。

⊙ *Believe*，Tera Lee Jubinville 著。

⊙ *Perseverance*，Pattra Shuwaswat 著。

⊙ *Champion*，Justin Sorenson 著。

⊙ *Courage*，Wish Belkin 著。

培養恆毅力

　　正如我們從史坦賓克的故事中學到的，設定目標是運用成長性思維克服挑戰，效力強大的關鍵。對於你想要的事物以及達成願景的過程，若缺乏具體想法，就很容易退回定型化思維。恆心毅力的概念與成長性思維的智力增進觀（incremental theory）常是互相連結的。首先，我們來看看恆毅力（grit）的定義，接著討論帶領學生設定目標以培養恆毅力的技巧。

　　麥爾坎·葛拉威爾（Malcolm Gladwell）在《異數：超凡與平凡的界線在哪裡？》（*Outliers*）一書中，提出所謂的「一萬個小時定律」[61]（10,000 Hour Rule）。葛拉威爾引述心理學家 K·安德斯·艾瑞克森（K. Anders Ericsson）在知名的德國柏林音樂學院（Academy of Music in Berlin）——就讀該校的學生被視為頂尖人才——針對主修小提琴的學生進行觀察與比較的研究調查。艾瑞克森發現，具有成為世界級音樂家潛力的學生，以及相較之下表現只算優異的學生，他們之間的差異，在於投入練習的總時數。艾瑞克森統計，最頂尖的小提琴學生

在二十歲以前，累計花了一萬個小時練琴，而表現「只算優異」的學生僅花了八千個小時練習。他接著研究主修鋼琴的學生，得到同樣的結果。艾瑞克森完全找不出傳說中「天才」的蛛絲馬跡，沒有一位在班上表現頂尖的學生，未投入一萬個小時的練習時間；也沒有任何一位投入一萬個小時練習的學生，被視為表現尚可。

曾任初級及高級中學數學教師、現任賓州大學心理學教授，同時是麥克阿瑟獎（MacArthur Fellow）得主的安琪拉・達克沃斯（Angela Duckworth），廣泛研究恆毅力這項特質，將其定義為「對長期目標的堅持與熱情」，並認同葛拉威爾所謂的「一萬個小時」刻意練習，是導致成功的關鍵。達克沃斯最近與艾瑞克森發表了一篇報告《刻意練習拼出成功：為何較堅毅的參賽者在全美拼字比賽脫穎而出》（*Deliberate Practice Spells Success: Why Grittier Competitors Triumph at the National Spelling Bee*），顯示學生在準備全美拼字比賽時投入刻意練習的時間（如致力於個人的重點研究與記憶，特別是在挑戰稍微超越目前能力範圍的面向），是成功的最佳指標。學生認為這種刻意練習跟其他類型的練習，如拼字蜜蜂（mock bees）[62]或與親友一起拼字相比，較無樂趣可言，儘管如此，他們仍然投入了驚人的時間練習。為什麼？達克沃斯說，那是恆毅力。

艾瑞克森在《刻意練習》（*Peak*）書中主張，人們有能力透過刻意練習創造自己的潛力，而認為我們在某些領域建立技巧或發展才華的潛力是命中注定，那是錯誤的想法。[63]艾瑞克

森說，人們應當停止認為自己的潛力有最高上限，而要相信潛力可以透過學習與練習持續發展。

　　刻意練習的概念可以應用在小於一萬個小時的規模上。任何人都可以把刻意練習的概念運用在精通較小的事物上，例如：學習雜耍、寫笑話，或解開二次方程式。最近在《怪誕經濟學》播客（*Freakonomics* Podcast）的節目訪談中，艾瑞克森說，他在佛羅里達州立大學的研究生進行了一萬個小時的濃縮版：他們花十個小時投入刻意練習，嘗試加強或掌握像是打字或倒立這類技能。[64]

　　美國教師可能無法親自訓練孩子在某個特定領域成為大師，但我們能做的是灌輸學生這個信念：透過足夠的刻意練習與專心致志，他們可以取得不可思議的進展。這可以在教室裡以小規模進行，我們在教室裡的每一天，都有機會讓學生看見，面對學習挑戰時，刻意練習與專心致志可以帶來長足進步。

推銷恆毅力

　　「是大量刻意練習，而非天賦能力導致成功」這項概念，對於學生發展成長性思維來說相當珍貴。當學生看見刻意練習（以及合理數量的失敗）幾乎是在任何領域攀越巔峰的必要條件，便更能因此鞏固成長性思維的概念，並視之為成功的可行策略。這斬釘截鐵地證明，是練習與努力導致成功，而非基因。

觀賞一支麥可‧喬丹的廣告

↓

　　讓孩子製作一支名人展現恆毅力的廣告來行銷「恆毅力」，藉此思考練習、訓練與辛勞何以通往登峰造極。一開始，播放麥可‧喬丹拍攝的耐吉（Nike）廣告《失敗》（*Failure*）給學生看（可在 YouTube 上觀賞）。廣告中的喬丹旁白說：「在我職業生涯中，失手超過九千次，輸了將近三百場比賽。曾經眾人殷切期盼我在關鍵時刻投出致勝一球，我卻落空了二十六次。我一生不斷、不斷、不斷地失敗，卻也因此，我成功。」

製作一支描述堅持與恆毅力的廣告

↓

　　看完廣告後，請學生選定一個主題，製作一支描述堅持與恆毅力概念的廣告。首先，讓學生選擇一位目前或過去曾在某個時間點，在專業領域表現頂尖的名人。他們可能會很想要選擇迪士尼特別推出的新面孔，但試著引導他們選擇真正的大師級人物。接著，讓學生研究那位名人，製作一支恆毅力廣告。廣告內容包括那位名人在成功以前努力了多久、花多少年完成訓練、一路上各式各樣的挫折，以及他如何持續進步。

　　以下是具備恆毅力的名人範例，他們極度努力工作，以攀上專業領域的巔峰。

⊙ J・K・羅琳（J. K. Rowling），作家。

⊙ 麥可・喬丹（Michael Jordan），籃球運動員。

⊙ 柯比・布萊恩（Kobe Bryant），籃球運動員。

⊙ 沃夫岡・阿瑪迪斯・莫札特（Wolfgang Amadeus Mozart），作曲家。

⊙ 威爾・史密斯（Will Smith），演員。

⊙ 梅莉・史翠普（Meryl Streep），演員。

⊙ 巴勃羅・畢卡索（Pablo Picasso），畫家。

⊙ 華特・迪士尼（Walt Disney），迪士尼創辦人。

⊙ 亨利・福特（Henry Ford），福特汽車製造商。

⊙ 本田宗一郎（Soichiro Honda），本田汽車製造商。

⊙ 比爾・蓋茲（Bill Gates），微軟創辦人。

⊙ 哈蘭德・桑德斯（Harland David Sanders）（桑德斯上校），肯德基創辦人。

⊙ 萊特兄弟（Wright Brothers），航空先驅。

⊙ 史提夫・汪達（Stevie Wonder），歌手。

⊙ 金・凱瑞（Jim Carrey），演員。

⊙ 史蒂芬・史匹柏（Steven Spielberg），導演。

⊙ 湯瑪斯・愛迪生（Thomas Edison），發明家。

⊙ 歐普拉・溫芙蕾（Oprah Winfrey），媒體巨擘。

⊙ 亞伯拉罕・林肯（Abraham Lincoln），美國總統。

⊙ 比爾・喬伊（Bill Joy），電腦科學家。

⊙ 泰勒・派瑞（Tyler Perry），演員／導演。

⊙ 提姆・威斯特格恩（Tim Westergren），潘朵拉
　（Pandora）電台創辦人。

　　學生可以運用任何一種裝置、軟體或應用程式製作影片。推薦工具包括 Green Screen by Do Ink、iMovie、定格動畫工作室（Stop Motion Studio）、Adobe Voice、iPhone / iPad 相機、攝影機、PicPlayPost、Magisto、Instagram 影片（最多六十秒），以及多媒體影像編輯（Andromedia Video Editor）。

廣告課程的目標指導

　　有些人可能誤以為這張清單上的名人在各自的專業領域都是天賦異稟，因此他們通往成功的路徑是一片康莊大道。事實上，社會各界總喜歡沉浸於一種想法，認為某些人就是生來偉大。但當學生開始研究、揭開真相，發現在成為大師級人物的過程中，必須投入多少汗水與辛勞、多少時間、多少次失敗，他們將了解，對於長期目標的頑強奉獻，是成就偉大的必要條件。**我們希望學生留在心中的訊息是：沒有人能夠輕易達到成就。**即便某個人在某個特定領域具有天生喜好，他也必須投入數千個小時努力追求，才會被視為真正偉大。我們希望可以留給學生持久的觀念：成就是源於努力工作，而非與生俱來、神話般的天賦能力。當學生擁有這個觀念，他們就會開始著手進行，秉著恆毅力與堅持，達成目標。

表現目標與學習目標

在《動機，單純的力量》（*Drive: The Surprising Truth about What Motivates Us*）一書中，作者丹尼爾・品克（Daniel Pink）描述杜維克提出的兩種思維之間的差異：「這兩種自我理論（self-theory）導向兩條截然不同的路徑：一條邁向精熟，另一條則否。以目標為例，杜維克說，兩種思維會產生兩種目標：表現目標（performance goal）與學習目標（learning goal）。在法文課拿到 A 是表現目標。學會說法文則是學習目標。」

表現目標與學習目標的實驗

大師們為自己設定的是哪種目標？杜維克說，人們會為自己設定表現與學習兩種目標，但只有學習目標能導致精熟。[65]

杜維克曾向一群初中生進行研究，他們當時正在上科學課，學習新教材。研究一開始，先請學生設定有關學習新教材的目標。研究者把學生擬訂的目標分為表現目標（目標設定是為了讓學生看起來聰明能幹），或學習目標（目標設定是為了幫助學生學習，不計表現）。

杜維克在《自我理論：它在動機、人格與發展扮演的角色》（*Self-Theories: Their Role in Motivation, Personality, and Development*）一書記錄，在這項研究中，那些願意額外付出努力，投入深度

的學習與具挑戰性課業的學生，是起初被列為設定學習目標的學生。[66]

　　根據研究前的預備調查，研究者判定，被視為表現導向與學習導向的這兩組學生，在接觸新教材時，擁有大致相同的數學與數字推理技巧，在學習該單元教材後展現的成果也大同小異。但當學生被要求把他們學到的新知，應用在新奇的問題上時（他們必須以不同於過往的新穎方式，應用剛學會的教材，或必須以進階程度思考才能解決的問題），設定學習目標的學生表現遠超過另一組。設定學習導向目標者在解決新奇問題，以及想出更多新奇問題解決方案方面，獲得較高的成績，其中包括在深度思考問題時，他們寫出的內容，是另一組的 1.5 倍多。[67]

教室目標結構與教學環境影響

　　研究者也檢視「教室目標結構」（classroom goal structure），以判斷學生傾向設定學習目標或表現目標，是否出於教室環境的各個面向。由教育心理學家卡蘿・安姆斯（Carole Ames）創立的「目標系統」（TARGET system），發現了朝兩種教室目標結構發展的不同教室面向。

　　目標系統觀察出，會導致表現導向或學習導向的教室目標結構，其教學環境六大面向是：作業（Task）、權力（Authority）、認可（Recognition）、分組（Grouping）、評量

（Evaluation）以及時間（Time）。[68] 請看下表（見表格十一）不同風格教室的特徵，判斷你的教室目標結構為何。

表格十一：**表現導向教室與學習導向教室的六大面向差異**

面向	說明	表現導向教室	學習導向教室
作業	學生被指派的作業，以及作業本身的嚴格度、參與度及價值。	作業通常被學生認為過於簡單，且通常包括表現導向的作業（如機械式背誦或數學證明題）。鮮少個別化作業；通常無法吸引學生。	作業具挑戰性，在過程及成果上力求公平與多樣性，引發學生高度興趣。學生在被指派的作業中，找到意義與價值。
權力	學生做為決策者與主導學習者的角色，以及在班級領導任務中扮演的角色。	教師在作業上提供明確指令；學生在作業上鮮少有個人發揮的空間。教師是全班的領導者。	學習通常由學生主導；學生有權力在作業上做決定。學生有權力在學習上承擔領導角色。
認可	學生受到認可的方式及原因。	學生因交出完美無瑕的作業、遵守規則、有效率地完成工作而受到激勵與認可。不鼓勵冒險與發展創意策略。	學生因展現努力、改善技巧、完成學習目標而受到激勵與認可。鼓勵冒險與發展創意策略。

面向	說明	表現導向教室	學習導向教室
分組	學生在合作學習時的分組方式。	採用同質性分組策略，包括能力分組；小組僅限於表面合作，在小組成員之間與不同小組之間，隱含競爭。	採異質性分組策略，結合不同的學習風格、策略、程度與人生觀。鼓勵學生參與深度合作。
評量	教師評量學生學習過程與成果的方式，以及採用的評鑑程序。	評估與評量並不公平；評量通常公開進行，強調學生跟他人相較起來表現如何。	評量方式多樣化，且私下進行。通常評量個人進展，強調個人邁向精熟的改善與進步。
時間	教師安排課堂時間以及設定完成作業時間的方式。	嚴格執行時間限制，鮮少偏離原始計畫。學生不會因為學習狀態與步調的不同，而被容許以不同時限完成作業。重視速度與效率勝過精熟。	鼓勵學生以自己的步調學習；課表可因應學習落差而隨時調整或容許增補修正。重視精熟勝過速度。

教室的目標結構，將影響學生未來目標導向

↓

　　你的班級比較接近表現導向教室，還是學習導向教室呢？如果教師傳遞的訊息是，正確完成比學習過程更為重要，學生就會符合那樣的期待。但正如杜維克從那群初中生身上發現的，設定學習目標的學生著重於真正的精熟──即深度的理解，學生可以得出結論、連結不同概念，在新的技巧與概念之間建立關係──他們經歷的學習歷程極其豐富，超越那些強調展現所知的學生。教室既有的目標結構，將影響學生個人的目標導向。

　　在表現導向教室中，教師依照學生的智力將他們排行，鼓勵他們互相比較。教師專注於少數「聰明的」學生，不會費力在提升參與度的個別化教學，或因應不同學習風格的差異化教學。在學習導向教室中，教師把錯誤視為寶貴的學習工具，看重投入作業的努力勝過作業的完成。在表現導向教室中，平等是美德（同樣的作業、同樣的時間限制、同樣的成果、同樣的期待）；在學習導向教室中，公平是美德（作業的創意與個別化、彈性的時間結構、因應不同學習風格、公平對待學生）。

　　在檢閱超過一百份針對學生動機所做的研究後，倫敦大學教授克里斯‧沃特金斯（Chris Watkins）指出，整合分析顯示，雖然表現與學習導向均能激勵學生的動機，兩者也都出現在高成就的學生身上，但強調表現的學生確實「學業成績較不好、較不擅長批判性思考，且較難以克服失敗」。[69]

學習目標會帶領孩子踏上精熟之路

　　教室環境與學校文化對於學生的目標導向均有顯著影響，而學生的目標導向對於他們的學習程度亦有顯著影響。成長性思維教室符合目標系統架構列出的學習導向各面向特徵。投入一萬個小時的大師，不是朝著表現目標前進，而是朝著學習目標努力。學習導向目標幫助學生發展持續學習的恆心毅力與專心致志，對照之下，表現導向目標比較偏向在單一課業上證明自己的智力或能力。

　　在學習過程中，學生不免會同時設定表現目標與學習目標，但重要的是，他們必須能夠分辨這兩種目標，了解其中一種目標會幫助他們達成短期理解與表現，而另一種目標則會帶領他們踏上真正精熟之路。

與學生探索目標的課程規劃

學習目標
↓

當這堂課結束時，學生將能夠：

⊙ 分辨學習目標與表現目標。

⊙ 寫出學習目標與表現目標。

所需的資源與教材
↓

⊙ 便條紙

⊙ 圖表紙

⊙ 白板

⊙ 白板筆

教學方法
↓

　　發下空白的便條紙，請學生用自己的話為「目標」下定義。讓學生找一個同伴分享彼此的定義，並想出一個結合兩種概念的小組定義。請每對同伴分享他們的定義，並在白板上或表格中記錄關鍵字詞。

步驟 1：為學習目標下定義

你可以說：「人們設定的目標有兩種主要類型：表現目標與學習目標。」為表現目標與學習目標下定義。

表現目標：強調展現作業、知識內容、技巧或能力的目標，通常著重習得的技巧或作業如何與他人比較。

學習目標：強調整體學習的目標，特別著重一項技巧或概念的精熟，將如何發展理解能力，進一步應用在後續的學習與挑戰上。

步驟 2：為目標字眼分類出學習或表現導向

回到下面表格上，請學生判斷在他們的定義中，哪些字詞適用於學習導向目標（用綠筆圈起來），哪些字詞適用於表現導向目標（用紅筆圈起來）。依下列範例張貼表格，請學生將範例歸類為學習目標或表現目標。

	學習目標	表現目標
我的數學期末考要拿到 A。		X
我要學會說西班牙文。	X	
我要在足球比賽踢進三球。		X
我要學會下棋。	X	
我要在州立評量測驗贏得「極佳」的成績。		X
我要學會把科學過程應用在實驗裡。	X	

步驟 3：解釋表現目標與學習目標的差異

你可以說：「注意，學習目標通常強調學生要學到什麼，而表現目標則強調學生要做什麼或表現出什麼。研究告訴我們，雖然兩種目標都能幫助學生在校有所成就，但學習目標讓他們發展更深度理解的能力，並強化他們將所學以新鮮有趣的方式，應用在未來挑戰的能力。可以這麼想：表現目標會幫助你取得短期成就，而學習目標則會幫助你開闢一條長期學習及成功的路徑。我們來運用 SMART 目標架構（關於 SMART 教學方式及步驟說明可見 39 頁介紹），寫出表現目標及學習目標的範例。」

步驟 4：運用 SMART 架構

運用 SMART 架構，請學生寫出一個表現目標及一個學習目標。寫完目標後，分組閱讀與討論彼此的目標。讓學生互相提出調整目標的建議，以符合學習與表現導向的類別。

檢視理解狀況
↓

檢視學生的目標，確定他們了解表現目標與學習目標。請學生保留目標以便日後回顧與反省。

奮鬥

甘地曾說，任何值得追求的成就，都「有開始、有奮鬥、有勝利」。學生帶著定義明確的目標，踏上完成目標的路徑，在追求目標的過程中，要鼓勵他們展現決心與恆毅力。但樂意面對挑戰，並不等同於擁有克服挑戰的工具。下一章將討論挫折中的訓練，提供教師訓練策略，教導學生在追求目標的過程中，克服阻礙、失敗及挫折的各種技巧。

第
八
個
月

錯誤是學習的機會

往往在出發後，我才發現自己真正的目的地。
——巴克敏斯特 · 富勒（R. Buckminster Fuller）

 目標

☑ 學習如何訓練學生經歷錯誤。

☑ 擬訂容許錯誤的教學策略。

天才的迷思

　　在美國文化裡，愛因斯坦的名字已成為「天才」的同義詞。如果你親見某個人解出困難的謎題或問題，你可能也說過：「幹得好，愛因斯坦！」但問題是：愛因斯坦經常急於駁斥自己擁有超級智商。這是他的名言：

「我沒有特殊才能，有的只是強烈的好奇心。」
「不是因為我聰明，而是我與問題纏鬥的時間比較久。」

　　愛因斯坦小時候，父母曾帶他看過醫生，因為他很晚才學會說話，也很晚才學會閱讀。他第一次參加大學入學考試落敗而被迫重考。[70] 當然，愛因斯坦或許在數學與解題方面具有先天的敏銳度，但即便是他也會告訴你，推動他成就偉大物理發現的並不是他的先天智商，而是他持續不斷的決心，也就是我們所謂的成長性思維。面臨失敗時，他一次又一次地不斷嘗試。這是愛因斯坦對失敗的看法：

「失敗是成功的過程。」

「任何從未犯錯的人，也從未嘗試任何新事物。」
「確保避免犯錯的唯一方式，是不要有新的想法。」

　　我們文化價值裡所謂的天才，恰恰與我們最出名的天才愛因斯坦生活的方式，形成鮮明對比。愛因斯坦終其一生，經常迴避討論自己的智商，並將失敗與錯誤視為值得慶祝的學習機會。愛因斯坦死後，他的大腦被保存研究，[71] 科學家確實在愛因斯坦的大腦中發現某些異於常人的特徵，如密集的神經元以及連結音樂能力的區域高度發展，先天遺傳與後天環境兩者可能都對他的智力發揮作用。人類學家狄恩・法克（Dean Falk）說，愛因斯坦先天不尋常的大腦，可能是他達到驚人成就的部分原因，但也不能排除環境因素。愛因斯坦建立的聲譽，是在學習過程中頑強不屈，在挫折與挑戰中堅持不懈。而他出現在物理學界的時間，也恰好是這個新領域已臻成熟，可做出新發現的時機。

「他是在對的時間、對的地點，擁有對的腦袋。」
法克說。[72]

　　愛因斯坦的父母是否料到他們的兒子 —— 這個很晚才學會說話、被老師視為笨蛋的兒子，竟會成為全世界最傑出的知名科學家？事實上，他們可能料到了。他們鼓舞他在數理方面施展熱情，激勵他發展獨立自主的特質，並培育他的好奇心。

學習是一團混亂

　　愛因斯坦小時候是個奇怪的男孩，他交不到朋友，老師也認為他不聽話又沒能力，如果他當時採取定型化思維的話，就會聽信他們的話。但愛因斯坦的成長性思維驅策他超越失敗、挫折與阻礙，攀越過去科學界從未想像到的巔峰。

　　愛因斯坦為「瘋狂」下的定義為：「一再重複做同樣的事情，卻期待出現不同的結果」。當抱持定型化思維的人犯錯時，他們通常不願改變導致錯誤的行為態度，或根本不願承認錯誤已經造成。他們避免挑戰，固守自己的舒適圈：從不冒會讓自己看起來笨拙的險，永遠錯失截然不同的全新結果。相反地，成長性思維的特色是樂意嘗試新策略，以尋求更好的結果。

　　學習過程充滿錯誤與挫折；它可能被先入為主的觀念扼殺，也可能受到環境中的挑戰干擾。真正的學習，是在你的教室裡，跟二十個不同的孩子、二十顆不同的腦袋，以及二十種不同的觀點攪和在一起，是一團混亂、吵雜無比，且無法預料。或許唯一不變的，是學生永遠會犯錯，但你可以計畫如何幫助學生駕馭這些無可避免的錯誤。

　　以下是在教室裡善用錯誤力量的三步驟策略：

1. 將錯誤常態化。
2. 將錯誤視為寶貴的學習機會。
3. 透過挫折訓練學生。

● **錯誤常態化**。學年一開始，告訴學生他們將會犯錯，而這些錯誤將會幫助他們學習。跟學生一同創造「錯誤語言」。有一間教室裡，每當他們遇到展現學習價值的錯誤，師生就會一起喊：「錯得好！」還有一間教室裡，教師會要求學生提出「錯誤的根本原因」，讓學生投入後設認知，思考他們的思維。另外，有一位教師稱呼他的學生為「錯誤技工」。每當故障發生，技工就要打開蓋子（腦袋），指出是哪裡出錯，並想出修正策略。擁有處理錯誤的一貫流程，讓他們覺得這是可以預期的例行公事，而不是令人困窘的不尋常事件。錯誤是如此稀鬆平常，你已事先做好萬全準備！

世上有無數的故事廣為流傳，訴說錯誤如何轉為偉大的發明，失敗如何轉化為盛大的成功。用這些故事做為課堂暖身活動、日記題目或激勵動機是絕佳的方式，能在學生心中播下種子，明白失敗是努力的必經過程。《哈利波特》（*Harry Potter*）系列小說知名作者 J・K・羅琳（J. K. Rowling）在遇到失敗以前，極度恐懼失敗。她遭遇一連串的挫折，經濟困頓、關係破裂、工作上四處碰壁，直到她以極度暢銷的年輕巫師受訓故事大獲成功，才發現，說也奇怪，失敗驅策她的方式，是成功永遠辦不到的。

「所以為什麼我要談論失敗的益處？很簡單，因為失敗奪走一切無關緊要的事物。我不再偽裝自己，開始集中精力，完成唯一對我重要的工作。」羅琳繼續解釋，事後看來，她在個人生活及職業生涯上的失敗，到頭來成為一樣禮物，因為當她

經歷失敗並從中站起來時，她終於不再懼怕失敗。[73]

　　學生在校需要經歷失敗的機會，他們才會了解，失敗不是需要掩蓋或懼怕的東西，而是重要且自然的學習經驗。

　　● **將錯誤視為寶貴的學習機會。**將錯誤轉為寶貴的學習機會，也是錯誤常態化的關鍵。教學影片寶庫「教學頻道網」（TeachingChannel.org）上有支人氣影片叫《我最愛的錯》（*My Favorite No*），一名中學數學老師莉亞‧阿爾卡拉（Leah Alcala）在片中討論她用來展現錯誤價值的策略。

　　課堂一開始，阿爾卡拉在黑板上寫出一個問題，然後發下便條紙，讓學生作答。作答完畢後，她收回答案紙，迅速分為「對」的一疊（答對者）及「錯」的一疊（答錯者）。

　　「我要找出我最愛的錯誤答案或我最愛的錯，然後我們一起分析。」阿爾卡拉說。[74]

　　阿爾卡拉「最愛的錯」，是涉及基本數學概念的錯誤答案。她將錯誤答案用投影機放給全班看，先請學生討論其中做得好的部分，最後再請學生找出錯誤。在阿爾卡拉的班上，錯誤不會被處罰，而是討論改進之道的起點。不過並非所有錯誤都是生而平等。有些錯誤，如倉促行事造成的失誤，除了提醒我們忙中有錯之外，並不具備真正的價值。阿爾卡拉善用具備學習價值的錯誤。

　　● **透過挫折訓練學生。**當學生在學習過程中遇到無法解決的障礙，教師可以介入並藉機訓練他們。為學生擬訂訓練策略，當他們在學習過程中遇到瓶頸時可加以運用。重要的

是，不要幫學生解決問題；為了從錯誤中獲益，學生必須自己
去處理。以下是對我們有效的策略：

策略	說明
先問三個同學，再來問我	當學生遇到障礙時，必須先向三個同學尋求協助。這會促進學生合作解決問題，讓學生有機會運用後設認知策略，仔細思考錯誤。
開放式問題	設計一份開放式問題清單，用來誘導遇到瓶頸的學生解決問題。像是「你認為這為什麼會發生？」或「你可以運用哪些其他策略？」或「你下次如何避免同樣的錯誤？」這類問題能鼓勵學生思考錯誤原因，並擬定修正策略。祕訣在於：對沉默處之泰然！當你提出開放式問題，要給學生時間回答。當沉默持續過久，我們往往急著跳進去解答問題。稍安勿躁！
反省日誌	給學生時間反省他們的學習過程。透過日誌明確地寫出哪裡做得好，以及哪裡做得不好，給學生時間停下來整理他們的學習狀況。他們可能會在這個過程中，提出過去想不到的見解。

策略	說明
反省活動	在進行學習之前，請學生思考可能遇到的障礙。當他們事先考量哪些領域的概念、技巧或作業可能導致問題，他們就會對處理各種挫折預先做好準備。這也是將錯誤常態化的一種方式，因為這讓學生知道，你已預期他們會在學習過程中犯錯。
善用錯誤，並把它當成學習的一部分	當你看見出色的錯誤（過程良好，但未達成目標的錯誤），不妨以它為例！如同「我最愛的錯」策略，用錯誤當例子，顯示好的過程也可能出錯。把錯誤展示給學生看，請他們指出哪裡出錯及如何修正。這可以用於錯誤常態化，以及示範極為重要、透徹思考問題的後設認知策略。

從錯誤中學習的課程規劃

學習目標
↓

當這堂課結束時，學生將能夠：

⊙ 針對知名的錯誤進行研究與報告。

⊙ 展現出對於錯誤價值的理解。

所需的資源與教材
↓

⊙ 電腦

⊙ 網路

⊙ 紙張

⊙ 書寫工具

⊙ 海報紙

⊙ 麥克筆

教學方法
↓

你可以說：「微波爐、洋芋片和培樂多（Play-Doh）黏土有什麼共通點？」（給學生時間想出答案。）然後說：「你們的猜測都很有趣，但答案是：微波爐、洋芋片和培

樂多都是意外的發明。是的，你沒聽錯！這三種產品都因為失誤而誕生。以培樂多為例，Kutol Products 公司製造的麵團材料，原本在當年家家戶戶使用煤爐的時期，用來擦拭牆壁上的煤灰。後來人們不再使用煤炭做為家庭加熱來源，公司面臨倒閉危機，直到公司老闆發現擔任教職的姊姊，在教室裡都把他們的產品當做模型黏土來用。隔年，Kutol Products 轉型為 Rainbow Crafts，從那時候開始，他們就將培樂多包裝成兒童玩具行銷至今。

　　有時候，在我們進行學校課業的過程中，也會得出錯誤的答案，或誤打誤撞找到不同的策略或做事方法，這些重要時刻都是最棒的學習機會！我們已經知道，錯誤會幫助我們的大腦成長，但它也可以幫助我們以全新的方式看待事情。今天，你們要用網路研究一些知名產品，它們是因意外或失誤而出現。你們會被指派（或自由選擇）一個主題，進行研究，然後填寫錯誤問卷。接著，你們要製作一張海報，說明你研究的這項發明，向全班展現錯誤的價值。」

步驟 1：上 Google 查詢因失誤發明的例子

　　從下列研究主題清單中，由你指定或讓學生／小組自行選擇一個項目。用教室通訊協定進行上網研究，或指導學生透過 Google 查詢。上 Google 搜尋關鍵字「失誤發明」或「意外發明」應該足以產生相關研究結果。別忘記提醒學生評估資料來源的可靠性！

步驟 2：建議的出色錯誤清單

洋芋片	強力膠	冰棒
微波爐	便利貼	巧克力脆片餅乾
X 光片	橡皮泥（Silly Putty）	魔鬼氈
塑膠	青黴素	冰淇淋捲筒
鐵氟龍	修正液	飛盤
糖精	翻轉彈簧（Slinky）	

步驟 3：讓學生討論問題並製作海報

在研究進行中或研究完畢時，請學生回答下列問題：

1. 這項產品是如何因失誤而誕生？
2. 我們現在如何運用這項產品？
3. 學習這項偉大的錯誤，如何使你以不同角度，思考你面臨的錯誤與挑戰？

最後，請學生製作海報（或以其他方式呈現），描述這項產品如何因失誤而誕生，以及這項錯誤為社會帶來的價值。

步驟 4：檢視理解狀況

評量學生的上台報告，確認他們適當地描述錯誤及錯誤的價值。

當闖關失敗：意謂遊戲尚未結束

　　沉迷電玩的文化告訴我們，即便面臨反覆失敗，為了達成目標，孩子仍能接受持續嘗試。然而，多數為了在電玩裡成功過關，樂意耗費數小時的這群的孩子，卻在學校裡一遇到失敗跡象，就輕言放棄。

　　思維研究專家麗莎・布萊克維爾說：「在電玩裡，學生的動機是贏得點數，但他們卻不會因為失敗而氣餒。電玩牽涉到技巧、挑戰與累進過程，卻沒有永久失敗的威脅，或來自他人的負面評價。」[75] 因為「永久失敗的威脅」在電玩中不復存在，玩家擁有無限量的改進機會。每一次闖關失敗，仍是朝精熟邁進一步。

九種由遊戲啟發的教學策略

　　教師可以從遊戲產業（吸引小孩的專家）身上找到線索，讓孩子在教室裡也能展現和電玩中同樣的堅持。嘗試以下由遊戲啟發的策略：

　　1. 提供範例。 如果你好奇如何在電玩中一路闖關，只要上 YouTube 查詢即可。一定有人（或很多人）已上傳影片，耐心指導玩家闖關戰術。同樣地，當教師要求學生交出一件作品，他們也應當提供成品範例。評量指標、歷屆學生作品範例

及個別指導，都能清楚表明你對作品的期待。

2. 排除威脅。 在遊戲中，玩家通常將投注全力闖關或贏得比賽，視為有如榮譽徽章的象徵。「我那一關整整搏鬥五小時！」同樣地，學生努力精熟某項概念或技巧，也當予以慶賀。家長與教師通常會慶祝學生能夠迅速精熟某項事物，但這卻可能引發負面後果，如定型化思維、作弊，以及表象的學習。在電玩裡闖關失敗很少有後果：死了，就重新開始。同樣地，學生應當擁有排除後果的失敗空間。搞砸了，就讓他們原地重新開始。所有學習都不該只是因為學生在某個點偏離軌道，就任意放棄。

3. 學生參與。 電玩中有一些選擇的成分。玩家選擇他們要玩的遊戲，也可以選擇以各種不同的方式面對挑戰。因此對於學校課業，學生也應當擁有發言權與選擇權。容許學生在他們要做的作業以及作業呈現的方式，提出意見。這樣的發言權與選擇權將促進學生掌握作業的自主權，並幫助學生產生自我激勵的成功動機。

4. 接受差異。 正如坊間有形形色色精通電玩的攻略，教師也應當給予學生空間，擬訂克服挑戰的策略。並非所有學生均以同樣的方式學習，對一名學生有效的策略，未必適用於另一名學生。這就是「還沒」策略派上用場的時候。讓學生嘗試各式各樣的途徑，找出何者對他們有效、何者無效。這趟探索過程將會是一次極有意義的經歷，遠勝過嘗試一次就放棄。

5. 內在動機。 孩子打電玩完全出於自我激勵。結束時沒有

實質獎賞；他們沉溺於電玩，純粹是為了好玩與挑戰。同樣地，學生在學校課業上也必須自我激勵。那些嘗試利用外在獎賞激勵學生的教師，永遠不如幫助學生發現內在動機的教師一樣成功。

6.「偷吃步」法。我們知道啦，作弊在教育裡是禁忌字眼，但電玩中有各種密技和代碼，讓學生功力大增，過關斬將。我們並不是建議你鼓勵學生作弊，但給他們一些提示和技巧做為學習策略，應該無可厚非！

一名高中英文老師丹娜便公開鼓勵學生，當他們無法理解某篇文章或需要協助時，可以使用文學分析網站 SparkNotes（一種電子版的 CliffsNotes 學習導覽手冊）。「我不介意學生是否使用 SparkNotes，或找來指定讀物的書摘。這只是另一種理解故事的方式。如果學生絞盡腦汁還是讀不懂《馬克白》（*Macbeth*），我寧可他們上 Google 查摘要，總好過一股腦兒全部放棄。我希望他們手邊有各式各樣的工具可以使用，我也不會因為學生需要額外協助才能搞懂故事情節而輕看他。我認為那表示他足智多謀！」

7.持續的意見反饋。在電玩裡，玩家持續收到反饋。鐘聲、鈴聲、風琴聲，聲聲入耳，持續通知玩家一路上發生的每件好事與壞事。同樣地，孩子需要來自教師及同儕的一連串回應，提供寶貴的建議與資訊，強化他們的學習。要求玩家盲目地一路闖關，到終點才發送遲來的微弱反饋，這樣的電玩肯定不受歡迎。學生的作業也是一樣。在過程中持續給予回應，比

一週後才發回的考卷評語更有價值，因為一週後，學生早已繼續前進了。

8. 鷹架支持（Scaffolding）　*編注7*。電玩設置一個接一個的挑戰，遞增難度。這種連續性開關一條邁向精熟的明確路徑：首先，你得拿到寶劍；然後你必須穿越禁忌森林；最後拯救中了魔法的仙女。教師往往以各自獨立的方式呈現概念，卻沒有給學生一張學習地圖，告訴他們要往何處去或是為什麼。務必以鷹架支持的方式，提供學生必備的資訊與技巧，但不要給太多：沒人喜歡玩不具挑戰性的遊戲。

9. 健康競賽。 並非所有學生都會因為競賽而產生內在動機，但多半都會。教師可以運用遊戲化策略，以電玩或其他形式的遊戲，讓學生建立彼此的情誼、增進參與度，透過遊戲促進學習。對學生來說，這通常會是大受歡迎的策略。但請小心謹慎地促進合作，做為競賽的基本要素；避免給予獎品或過於強調成績。讓學生在小組裡學習和練習合作，避免學生之間產生對立。

編注7 ┊ 最先由蘇聯心理學家維高斯基（Lev S. Vygotsky, 1896~1934）提出的認知發展論，在 1976 年由布魯納、羅斯和吳德（Bruner, Ross & Wood）將兒童得自成人或同儕的這種社會支持隱喻為「鷹架支持」（scaffolding），強調在教室內的師生互動歷程中，教師宜扮演社會支持者的角色，猶如蓋房子時鷹架的作用一樣，然後再設法轉移給學生，使其能漸漸獨立學習。

訓練孩子不怕輸的個性

↓

顯然，遊戲產業知道如何吸引孩子。試試以上幾項策略，幫助孩子在面對學校課業時，也能展現出他們在電玩裡通常具備的積極進取態度及韌性。

建設性失敗

當直升機家長 *編注8 與教師急著保護孩子免於失敗時，他們是在幫倒忙，剝奪孩子學習如何以建設性及有意義的方式失敗的機會。知道如何失敗是一種寶貴的技能，而愈來愈多的孩子無法掌握，拜過度保護的父母及自尊文化所賜。

有人說它是「在失敗中上進」（failing up）；有人說它是「在失敗中前進」（failing forward）。無論你怎麼說，**建設性失敗（productive failure）的概念是，錯誤與挫折可以轉化為寶貴的學習機會。**

香港教育大學心理研究教授馬努・卡普爾（Manu Kapur）畢其學術生涯，致力於研究建設性失敗。他的研究指出，那些獲得時間奮力解決問題的學生，與接受明確解題指導的學生對

---

*編注8　直升機家長（helicopter parents）是指過分介入兒女生活，保護或干預的父母，如直升機一樣，盤旋在兒女身邊，造成孩子不良影響。

照之下，前者在之後更善於取得並應用他們在瓶頸中所學到的資訊。[76]

隱藏的功效

　　卡普爾在新加坡學校進行一項有關建設性失敗理論的研究。研究中，兩組學生接受兩種採取不同策略的數學教學。第一組在解開一系列問題時，獲得明確的教導與清楚的回應。第二組並未獲得教師的明確教導，而是被指導以和同儕合作解決問題，取代向老師尋求協助。結果，擁有教師協助的第一組學生，能夠正確解答問題。而缺乏教師教學指導的第二組學生，未能正確解答問題。然而，卡普爾發現，第二組投入更多的時間針對問題討論想法、策略及各種可能結果，而當他進行學習測試，第二組表現得比第一組好。

　　卡普爾將此概念稱為「隱藏的功效」（hidden efficacy），瓶頸可以驅策學生深度思考問題本質，其價值遠勝過取得正確答案。卡普爾假設，如果學生在解決問題的過程中曾經遇到瓶頸，當下次有需要時，[77] 他們更能善加應用這得之不易的解決方式。建設性瓶頸雖然當下令人不安，卻能幫助學生在學習及解決問題上，發展更深入的理解。

建構建設性瓶頸環境的六項要點

教師可以在課程內融入以下六項要點，有助於創造一個準備好面對建設性瓶頸的環境。[78]

1. 問題具有挑戰性，但不至於令人挫敗。
2. 作業必須有多種解答方式，學生才能產生各種想法。不能只有唯一一個取得正確答案的方式。
3. 建設性失敗的設計，必須活化學生的先前知識，但學生不應只靠先前知識就能解決問題，應當也納入新的挑戰。
4. 學生有機會解釋與闡述他們的思維與策略。
5. 學生有機會測試好與壞的問題解決方案。
6. 作業必須適合並吸引學生。

「教與學的目的，在於超越基本原理，產生概念上的深度理解，以及因應情況變通知識的能力。」卡普爾寫道。[79] 這就是為何在課程裡容許、甚或計畫「失敗」，可以提供學生如此有力的學習機會；當他們排除萬難，穿越你所創造的挑戰時，他們將會發展策略性及批判性思考的技巧，受用一生。

設計自己教室的建設性瓶頸點子

　　數學特別適合融入卡普爾所描述的建設性失敗的學習環境。考量你自己的教室或教學主題，謹記建設性失敗作業的六項要點，想出自己的點子：

_____

_____

_____

_____

_____

_____

_____

_____

_____

_____

_____

_____

_____

_____

_____

第
九
個
月

「不知道」跟「還不知道」
有差別！

測驗分數及成績評量可以告訴你學生目前的狀況，
卻無法告訴你，他們最終可以到達的位置。
——卡蘿・杜維克（Carol S. Dweck）

- ☑ 擬訂在教室裡採用「還沒」原則的計畫。
- ☑ 分辨形成性評量與總結性評量。
- ☑ 學習強調學習過程價值的策略及活動。

還沒

　　在杜維克點閱率極高的 TED 演講《相信你能進步的力量》（*The Power of Believing That You Can Improve*）中，她說了個關於一所芝加哥高中的故事，那裡的學生如果某門課沒過，得到的成績是「還沒過」（not yet）。

失敗與「還沒」的差異性

　　「我覺得那真是太棒了，」杜維克說：「因為如果你拿到的是不及格的成績，你會覺得自己一無是處、一事無成。但如果你拿到的成績是『還沒過』，你會了解自己正處於學習曲線（learning curve）上。這給你一條通往未來的出路。」[80]

　　人們往往對於「失敗」這個詞彙看得很重。「失敗」帶有某種確切性；不同於「錯誤」或「挫折」，「失敗」這個詞彙的決定性意味著一切已成定局，毫無盼望。結束。完了。到此為止。而「還沒」呢？這是帶有魔力的神奇詞彙。「還沒」傳達有好事即將到來的應許。「還沒」是未來在召喚你：「嘿，老兄！我在這兒，來找我吧！」以「還沒過」取代不及格的成

績，已證實是那所芝加哥學校的革命性策略，而其他學校及老師們也群起效尤。

把傳統 A 到 F 評分改為 A、B 或「還沒過」

↓

美國奧克拉荷馬州高中數學老師莎拉・卡特（Sarah Carter），曾被列為二〇一五年全國公共廣播電台（NPR）五十大偉大教師之一，是擁抱成長性思維的教師典範。[81] 她的教室掛了個布告欄，上面把常見的定型化思維用語轉換為成長導向用語：「這太難了」變成「這可能需要一些時間和努力」；「我犯錯了」變成「錯誤幫助我成長」；「已經夠好了」變成「這真的是我最好的表現嗎」。卡特不用傳統的 A 到 F 等級幫學生評分，她發下來的成績是 A、B 或「還沒過」。

「你不是拿到 A、B，就是『還沒過』」，卡特的一名學生告訴全國公共廣播電台。其他學生也接連表示，卡特會給他們重考及重繳作業的機會，直到他們達到 A 或 B 的程度。

在她的部落格「數學＝愛」（Math = Love）裡，卡特張貼了一些學生對她的評分機制給予的回應。一名學生說課程很難，但評分機制到最後很有幫助。另一名學生寫道：「評分等級也許看起來很遜，但她會透過讓你重做作業來幫助你。這樣真的會幫助你學得更好。」[82]

就是這樣，這可是出自於青少年的口中呢。「還沒」的概念，很像是擁抱錯誤與欣賞失敗，也許一開始有點「遜」，但

是最後，它會驅策學生達到更深度的理解。

　　問自己：你如何能在教室裡融入「還沒」的原則？

_____

_____

_____

_____

_____

成長性思維的評量

　　評量可能對學生的成長性思維發展有害，這就是為何呼應教學實務所傳遞價值的評量方式如此重要。換句話說，如果你採用的是成長性思維教學法，就不應使用助長定型化思維的評量方式。

目前最普遍的評量法

　　目前最普遍的兩種評量方式是：

　　● **形成性評量**（**Formative Assessment**）：在單元進行中，定期施以評量，做為教學過程的一部分。結果通常用於教學

決策、判斷是否需要重教或延伸教學、在課堂上引導學習經驗，以及提供學生反省的機會。形成性評量在學習過程中提供及時回應，可因應做出必要的教學調整。

● 總結性評量（**Summative Assessment**）：在單元結束時，評估學生的學習成果。總結性評量通常以測驗的形式呈現，從單元測驗到諸如州立評量的高風險測驗都包含在內。總結性評量提供與基準及標準互相對照的學生成績資料。

以下是形成性評量與總結性評量的範例（見表格十二）。

表格十二：形成性評量與總結性評量的範例

形成性評量	總結性評量
家庭作業／練習	鋼琴獨奏會
課前暖身／課後評量	期末考
自我評量／同儕評量	州立評量測驗
寫日記	期末研究報告
後設認知活動	單元測驗

形成性評量嵌入於學習過程中，估計每日的進展，呈現學生目前的狀況，以及他們必須抵達的位置。形成性評量讓我們得以幫助學生繪製一張邁向精熟的明確路線圖。而總結性評量在傳統意義上並沒有這些東西。

總結性評量是在學習終點時切入，根據學生在評量中的表

現，提供分析式的進度衡量。

　　總結性評量缺乏形成性評量的細微之處與敘事性。總結性評量告訴我們，一名特定的學生在特定的一天考試表現如何，但並未給予我們關於這名學生如何在學習過程中進步的整體觀點。有時它可以準確反映學生的學習狀況，有時卻不能。然而大多數的教師、教育行政人員、家長及學生都對這些總結性評量極為看重。畢竟，那就是成績來源，不是嗎？

把成長性思維融入兩種評量中

　　教師可以、也應當將成長性思維融入形成性評量與總結性評量。如果你將讚美學生的方式改變為強調過程，但卻持續以同樣的方式評量學生，強調表現的價值勝於過程的價值，你的學生不會真正領受到成長導向教室的益處。如果你想在教室裡推動成長性思維，你必須說到做到，在成績評量上採取行動。我們來看看成長導向的形成性評量與總結性評量，在中學的數學課堂上如何運作。

　　美國堪薩斯州堪薩斯市的一名中學數學老師莎莉・索法（Shelley Sopha）說，具有信度與效度，並給予立即回應的評量，最為寶貴。她指出，學生可以在準備課堂評量的過程中發展成長性思維，特別是當他們有機會重新接受評量以展現學習成果時。

　　「如果教師設計一個尊重與讚賞成長性思維的環境，孩子

會想要持續接受評量，不會安於表現不佳的狀態。」索法說。[83]

　　她指出，當總結性評量與形成性評量密切結合時，我們對於學生在總結性評量會有的表現，應當毫不意外。同時，形成性評量不需要、且不應當一再重考同樣的試卷，但需要更多機會展現進步成果的學生，可以用其他方式表現，如訂正考卷、教其他同學或老師教材內容、自己出一份試卷新版本並予以作答，或完成學生想到的其他評量方式。

　　索法認為，用高風險總結性評量促進成長性思維是有可能的，但唯有當孩子逐年追蹤成績時才能達成。她在自己班級上採取了這類做法的變化方式，讓學生參加一年一次的前測與後測，他們可以因此看見自己的具體成長。

　　「依照我的經驗，當孩子覺得他們不可能失敗，並了解進步是他們的目標時，他們會很樂意竭盡全力準備高風險測驗，」索法說：「學科進展測試（MAP test）就是很好的例子，一年施測兩、三次，並測量成長幅度。當測試成績顯示他們有所成長，孩子會很有成就感。這項測驗並不完美，但它至少表示我們重視與讚賞成長。」[84]

　　對索法來說，以激勵成長性思維的方式設計與安排考試，是關鍵所在。她不擔心分數、百分比或等級，而是專注於追蹤邁向特定精熟標準的進展狀況。她不用 A 到 F 的等級做為評分標準，而是追蹤學習狀況，指出學生落於以下哪一類型：需要補救、基本理解、接近精熟、精熟。然後她盡可能給予學生各種練習與展現學習成果的必要機會。

　　「如果孩子投入時間與努力，永遠不要讓他們因此被扣分，」索法說：「他們永遠不該因為練習而受到處罰，這點可能看來顯而易見，但你會訝異於有多少老師把回家作業及課堂練習拿來評分，然後那些分數就反映在學生的等級上。評分是可以的，但學生應當永遠保有提升成績的機會。」[85]

運用精熟評分制，看出學生的需求加以協助

　　這種精熟評分制 —— 指出學生落於邁向精熟進展頻譜上的哪一點 —— 讓學生能觀察自己的進展狀況，提供學生更多參與選擇學習類型與模式的機會。當學習者知道他們可以重考，這是可以改變動機的。如果他們收到的回應顯示他們尚未展現精熟，那並不表示他們拿到一個大大的不及格字樣，只是表示他們需要付出更多努力。而沒有人比學生更有資格判斷在邁向精熟的進展過程中，什麼最有幫助。

　　今年轉任學校輔導工作的索法說，在教室裡灌輸成長性思維，跟輔導成長與改變所需的核心要素息息相關。

　　「我打從心裡認為，」索法說：「當學生處於溫暖關懷的氛圍，與他人建立有意義的關係時，他們會想要成長，發展一種尋求探索的存在方式，並追求更了解自我、他人及世界。環境培養成長性思維，而我們身為老師所做的每一件事，都能夠培育或妨礙其發展。」[86]

意義重大的危機

↓

一名高中老師凱莉，分享一則她的個人教學經驗：

「每次我給高中學生出作業，他們就會搶著舉手，所有人想知道的都是同一件事：『這項作業值幾分？』我在失望之餘就會說：『一百億！』或其他荒謬的分數價值。我極度渴望他們了解，重要的不是他們可以從作業拿到多少隨意決定的分數，而是他們學到什麼。但他們已被其他所有課程訓練成會反射性地擔心分數，要他們以不同方式思考課業極度困難。」

凱莉的問題並非特例。許多學校重視孩子可以得幾分：「第一名畢業」獎頒給平均成績最高的學生，獎學金發給大學入學考試分數最高的學生，諸如此類。即便你的學校文化重視總結性評量結果，你仍然可以在你的課堂上打造成長導向環境，進行一些活動與策略，讓學生看見，你重視學習過程勝於期末考試成績。

你是否注意到，當你在坐滿學生的教室裡發回考卷，他們會立刻開始互相比較成績？拿到 A 的學生得意洋洋地到處揮舞考卷，而拿到 D 和 F 的學生則蜷縮在椅子上，巴望不會被那些尋找誰比自己考得爛的同學給盯上。

另一方面，如果你告訴學生──特別是中學生──某些東西不會被評分，許多學生就會頓失參與意願。他們的邏輯

是，如果那不算分，有什麼重要性？在我們的文化裡，說某個人是「A 等生」，跟說他是「好人」幾乎是相等的。所以無怪乎我們現在是自食其果：學校體制如此固守評分文化，研究顯示壓力過大的學生寧可作弊，放棄自己的誠信，也不願失掉不義取得的區區幾分。

從「擁有知識」到「擁有處理知識的能力」
↓

堪薩斯州立大學（Kansas State University）人類學教授麥可・韋許（Michael Wesch）主張，教育工作者必須設法提供各種學習體驗，讓學生不是被動地接收知識，而是主動尋求對他們有意義的問題答案。他把學生在校努力通過考試贏得分數的問題，稱之為「意義重大的危機」（a crisis of significance）。

「想想我們經常聽見的哀嘆，說什麼『有些學生就是不適合學校。』這句話提出時，大家可以不帶絲毫疑慮或甚至沒有一丁點不滿。但想想看，如果我們把『學校』換成『學習』，這句話表達了什麼：有些學生就是不適合學習？卻沒人膽敢說出這句話。」韋許在《加拿大教育》（Education Canada）發表的一篇文章如此寫道。[87] 他繼續說，如果學生在我們創立的學校體制裡，覺得自己的權利受到剝奪或感到不自在，那可能是因為，我們把學校的界線畫得過於狹隘。建立更包容的學習環境，吸引並接納更多元的學生及想法，對每個人都有益處。

韋許說，在許多方面，現代的學校並未跟上數位革命的腳

步。直到十五年前，學生可以取得的知識量，僅限於教師所知或是圖書館現有的資訊。如今，學生能輕易取得全部的人類知識，因此學習「什麼」的重要性，已遠遠不及「為何」或「如何」。想到我們在可取得的資訊量與取得資訊的功效這兩方面蓬勃發展，卻未曾真正改變我們的教育方法，不免令人難以置信。

「當我們逐漸邁入一個隨時充斥著即時與無限資訊的環境，對學生來說，知道、記憶或回想資訊已變得不那麼重要；對他們來說，更重要的是尋找、分類、分析、分享、討論、批判，以及創造資訊。」韋許寫道。[88] 他說，我們必須停止專注於學生是否「擁有知識」（knowledgeable），而要幫助他們開始「擁有處理知識的能力」（knowledge-able）。

把學生從擁有知識推向擁有處理知識的能力，表示給予他們真實的學習機會，讓他們從中發現答案，並想出更多問題。我們應當啟發學生把好奇心放在浩瀚無垠的世界，而不是放在必須得幾分才能拿到 A 這樣的芝麻小事上。以下提供一些在課堂上培養處理知識能力的作業點子（見表格十三）。

專題式學習的八大特色

↓

專題式學習（project-based learning）是培養處理知識能力的一種方式，對學生具有高度價值。根據巴克教育機構（BIE, Buck Institute for Education）的定義，專題式學習是「投入長時

表格十三：擁有知識與擁有處理知識的能力的差異

擁有知識（什麼）	擁有處理知識的能力（為何／如何）
背誦各州首府。	製作一支描述一個首府的紀錄片。
在尋字遊戲中找出學過的單字。	用學過的單字寫一篇小說。
說出侏羅紀時代恐龍的名字。	專題式學習：人類與恐龍共存的世界會是什麼模樣？
在圖表上標出昆蟲的生命週期。	製作一支影片，描述某種昆蟲生命中的一天（如大黃蜂、螞蟻等等）。
學習能源效率。	設計絕緣材料測試以判斷何者最佳。
計算遊樂場的面積。	設計一座遊樂場。
列出某種動物瀕臨絕種的三個原因。	設計一份保護瀕臨絕種動物的計畫書。
說明法案成為法律的過程。	設計一場模擬立法會議，示範法案成為法律的過程。
撰寫一篇有關蓋茲堡的報告。	製作一個來自蓋茲堡前線現場的播客節目。

間進行研究調查，回應一項複雜而引人入勝的疑問、難題或挑戰，讓學生藉此獲得知識與技巧的教學法。」[89]

無論你聽過的名稱是探究式學習（inquiry-based learning）、挑戰式學習（challenge-based learning）或問題式學習（problem-based learning），目標基本上是一樣的：提供學生真實世界的真實問題，學生必須運用深度思考及合作技巧來解決。這類型的作業讓學習從抽象概念中走出來，給學生真正的機會，針對影響他們的議題提出解決方案。

以專題式教學工作聞名的巴克教育機構，列出「黃金標準」的專題設計具備的八大特色。

以下便是「黃金標準」專題式學習的八大特色（見表格十四）。[90]

專題式學習及其他要求學生解決切身問題的學習活動之所以重要，有幾項原因。首先，真實世界的問題及解決方案與學生的生活息息相關，這會增加他們對於目前所學的參與度。其次，他們成年以後將要從事的工作，多數需要完成專案，因此練習這類工作必備的各項技巧是相當重要。最後，它給學生機會主導自己的學習、處理障礙與挫折，以及練習提出意見反饋與反省等基本技巧，這些都是培養與強化成長性思維的真實工作特徵。

表格十四：「黃金標準」專題式學習的特色

特色	說明
關鍵知識、理解力與成功技巧	內容導向與標準本位的知識，深埋於專題的整體設計中。專題培養重要技巧，如解決問題、批判思考、自我管理及團體合作。
具挑戰性的疑問或難題	以開放式問題提供專題架構。它必須對學生有意義、在作答上有難度（學生應當無法透過 Google 查到答案！），並富有足夠的挑戰性。
持續探究	這不是一天就能解決的作業！一項專題必須包括研究、收集資料、應用與創造。至少需要花上三個禮拜。
真實性	專題應當涵蓋真實世界的應用，且應與學生關注的問題，以及影響學生的議題息息相關。
學生的發言權與選擇權	學生有機會主導專題中大部分的面向，如團隊策略及最終設計。
反省	反省深埋於專題進行的過程中。學生和教師針對過程中的障礙、專題各個階段、團隊工作、作品品質等，進行後設認知的反省。
批評與修正	學生重視教師與同儕的回應，視為改善過程或成品的一部分。
公開成果	學生透過在班上報告，或呈現給教室以外觀眾的方式，公開成果。

形成性評量策略

取得形成性評量的資訊有許多方法，不只是執行考試而已。這裡有一些將形成性評量策略融入成長導向教室的方式。這些策略有助於引導教室裡的學習過程，吸引學生參與學習、幫助他們檢視學習狀況，並提供你反省教學的機會。盡可能吸引學生共同參與形成性評量。以下便是形成性評量策略（見表格十五）：

表格十五：將成長性思維融入形成性評量的策略

特色	說明
反省處方	在形成性評量後，請學生開一張反省處方，說明他們在遇到瓶頸之處，可以採取的改善步驟。
同儕評量與回應	學生給予同儕歷程評論，幫助他們增進學習。
數位檢查	運用即時製作工具如 Google 文件（Google Docs）及 Google 幻燈片（Google Slides），在學生進行專題及作業時，檢視他們的進程，並且提出問題與回應。
Nearpod（教學平台）課程	結合課程、影片、問卷調查與問答投影片，來收集資源。
同儕分享	當學生向同伴說明他們的學習過程、理解與誤解之處時，在旁聆聽。

特色	說明
小組時間	運用引導式小組教學，評估學生的理解狀況，判斷是否需要重教、釐清或延伸課程。學生應當利用這段時間提出並回答有關學習上的問題，並反省他們的理解狀況。這些部分有助於引導教學。
分類（單字、定義、類比、圖像）	分類可以用來判斷學生是否理解概念，以及找出哪些地方需要更多學習。
中心任務	讓學生透過中心任務（center task）探索他們的學習狀況。這些任務幫助學生找出困惑的領域或延伸學習的需求。
數位回應服務或系統	Clickers、Socrative Teacher、Polls Everywhere 等軟體與問卷調查，可以用來收集學生的洞見及理解狀況以引導教學。
課後調查	在離開教室以前，請學生以下列其中一題或數題提示完成回答： 我學會…… 我仍有疑問的是…… 我可以把所學應用在…… 我聯想到…… 我覺得很有趣的東西包括了…… 我想知道……
自我反省	學生用學習量表評估他們的學習狀況，判斷自己在哪方面需要更多指導，或確認障礙所在。

特色	說明
前導組織	前導組織（advance organizer）幫助學生整理資訊，同時可以用來評估學生學習前的概況。
書寫練習	在問答時間，或是當學生處理問題、釐清想法時，使用個人白板書寫。當老師在教室裡走動時，學生也可以藉此分享他們的想法。
圖表	學生透過製作圖表及模型，呈現理解狀況。
醒目標示	在學生作品上標示令人困惑或錯誤之處，鼓勵學生釐清與修正。

更好的評分方式

我們之前說過，在形成性評量的過程中評分，是在學生仍處於學習的過程中，施以不公平的處罰。許多教師主張，形成性評量的分數可以幫助他們追蹤學生的學習情況，但有許多替代方案可以達成同樣的目的。

設計讓學生自評的方法

讓學生知道他們在課堂上學習某項技巧或概念時，自己落於頻譜區段上的哪個位置，這是不需要評分的絕佳學習評量方

式，例如卡特的「Ａ、Ｂ或還沒過」策略，或索法的「需要補救、基本理解、接近精熟、精熟」頻譜。教師也可以運用數字、顏色、字母或其他項目名稱，設計不同的理解程度，讓學生評量自己的學習狀況。比方說，某個學生的學習量表可能是像這個樣子：

綠色 —— 我已經懂了，而且我可以教別人！
黃色 —— 我懂一部分，但我需要更多練習。
紅色 —— 暫停一下！我還沒搞懂。

在這種方案中，學生依據學習目標，指出他們認為自己落於綠色、黃色或紅色的區域。教師可以運用這些資訊，進行小組教學或其他學習方式。

在進行形成性評量時，教師不應是唯一的評量來源。學生應當運用後設認知的工具，自我評估個人學習狀況。要求學生參與反省評量，是讓他們增進後設認知（或思考他們的思維）技巧的絕佳方式，同時幫助他們發展自我評量技巧，這在未來的學習情境中會很受用。以下是「自我評量思考表」範例，運用句子來引導學生進行後設認知的自我評量。

自我評量思考表

我仍想知道＿＿＿＿＿＿＿＿＿＿＿＿＿＿＿＿＿＿＿＿＿＿

我了解＿＿＿＿＿＿＿＿＿＿＿＿＿＿＿＿＿＿＿＿＿＿＿＿＿

我所學的與＿＿＿＿＿＿＿＿＿＿＿＿＿＿＿＿＿＿＿有關

我可以將所學應用在＿＿＿＿＿＿＿＿＿＿＿＿＿＿＿＿＿＿

令我困惑的部分是＿＿＿＿＿＿＿＿＿＿＿＿＿＿＿＿＿＿＿

我想如果＿＿＿＿＿＿＿＿＿＿＿＿＿＿＿我就會更了解

如果我無法掌握某個概念，我可以＿＿＿＿＿＿＿＿＿＿＿

成長性思維評量核心，是重視錯誤、挫折與成長
↓

　　在《心態致勝》中，杜維克描述，有一次她和同事向教師進行問卷調查，詢問他們會如何對待一名在一次數學考試中拿到百分比六十五的學生。許多接受調查的教師從這次考試成績，推論出這名學生是怎樣的一個人，同時提出許多處理這種狀況的意見。但一名教師非常憤怒地寫了一封信給杜維克，堅決要求他完成的問卷回答不得納入研究。令他不悅的是，這項調查居然敢要求老師單憑一次考試成績，就對一名學生遽下判斷。他並不知道，他的許多同事是多麼樂意做這些判斷。當然，杜維克認同這名憤怒寄件人的看法。

　　「在某個時間點做的評量，對於了解某個人的能力幾乎毫

無價值，更不用說能預知他在未來的成功潛力。」杜維克如此寫道。她接著解釋，伴隨著評量而來的急迫性，會讓學生覺得好像沒有時間學習，也沒有時間在艱難的概念上犯錯。極度重視高標準評量表現的教室文化，可能會促進這樣的想法：如果學生想要被視為成功或是聰明，他們就必須盡可能快速地達到完美。

　　成長性思維評量方式的核心，是重視錯誤、挫折與成長。事實上，高風險測驗與等級評分短期內或許不會消失，但教師可以採取一些步驟，避免學生將成績視為智商的直接反映，而是看做測量進展的方式。以下有一些策略，教師可以用來提供更真實而全面的評量（見下頁表格十六）。

採用標準本位評分系統的案例
↓

　　美國佛蒙特州艾塞克斯市艾塞克斯中學（Essex Middle School）的科學老師安德魯・卡斯普里辛（Andrew Kasprisin），在網路上寫到他的學校是如何改用標準本位（standards-based）的評分系統 ＊編注9。[91] 他敘述，校長請教師們依據成績等級，將學生姓名卡予以分類。卡斯普里辛說，教師們注意到，在班上贏得 A 或 B 成績等級的學生，在校被視

＊編注9　標準本位評量（standards-based assessment）是指在學生學習評量過程中，透過一套學習內容標準進行評估，以確保每個學生能夠學到必須學到的內容，進而提升學生學習成就。

表格十六：設計成長性思維評量的策略

策略	說明
替代性評量表	不用傳統的 A 到 F 量表，而是嘗試擬訂一份強調過程與鼓勵精熟的量表。試試看這種量表：超前中、發展中、還沒到。
評量指標	評量指標 —— 特別是強調過程勝於成果的評量指標 —— 提供學生指引，而非訣竅。
陳述式報告	教師撰寫一份陳述式報告，以取代成績，或附在成績旁。
學生主導家長會	學生主導家長會，讓學生得以與父母分享他們的目標、學習過程、障礙與進展。當學生被排除在家長會之外，談話內容通常會被設定為討論成績。讓學生參與家長會，將談話重點放在他們的經驗、感受、想法與意見，會提供比成績單更多的深刻理解。

為「好」學生，是那種永遠準時交作業、有需要時會尋求協助的學生。而拿到 C、D 和 F 成績等級的學生就不是這樣了。那群學生總是缺交作業，並被視為低成就學生。

在這次分類練習後，校長又請教師將姓名卡重新分類，但這次是分成三類，分別代表：達成、超越或低於標準。有趣的是，有些原本在 A 或 B 類的「好」學生，現在卻被歸類於「低於標準」；而有些成績低的學生，現在則被歸類於「超越標準」。

　　在一番對談後，教師們領悟到，傳統的評分系統並不能完整呈現學生實際的理解狀況。很快地，全校轉而採用標準本位的評分系統。進入新系統後，歷經了一段轉型期：卡斯普里辛說，他們必須不斷提醒學生和家長，這項改變將把焦點重新放回學習上。而對教師來說，這意味著真正考量達成標準應當是什麼樣貌，並努力擬訂相應的計畫。

　　「我現在給學生的書面評語，能夠比較有效地指出正確方向，」卡斯普里辛寫道：「而且在評語中提出愈來愈多促使學生深度思考的問題。」[92]

　　標準本位評分系統及其他類型的成長導向評量，提供協助把焦點重新放回學習上的動力。許多有創意的評量方式，可以培養好奇心、增進動機，並鼓勵深度思考。當評分變得不那麼重視學生可以多快速、完美地完成作業，我們就更接近了這個理念：無論起點在哪裡，我們都擁有進步的空間。

第
十
個
月

我做得到！

通往成長性思維的路徑是一趟旅程，而非一場宣言。

——卡蘿 · 杜維克（Carol S. Dweck）

目標

☑ 了解自我對話對於發展成長性思維所扮演的角色。

☑ 擬訂學習新事物的成長性思維計畫。

☑ 擬訂解決問題的成長性思維計畫。

切羅基族的古老傳說

　　有一則知名的切羅基族（Cherokee，為美洲原住民中的文明五部落之一）傳說，是關於爺爺跟孫子談論人生的故事。[93]爺爺告訴孫子，在他身體裡有兩匹狼。一匹狼是邪惡的，是貪婪、嫉妒、憎恨、傲慢與黑暗；另一匹狼是良善的，是慷慨、盼望、愛、謙卑與光明。爺爺告訴孫子，這兩匹狼——良善與邪惡——在所有人心中不停交戰。

　　孫子看著爺爺，問：「那哪匹狼會贏呢？」

　　爺爺回答：「你餵養的那一匹。」

　　正如古老傳說裡的那兩匹狼，定型化思維與成長性思維也在我們心中互相競爭卡位。當成長性思維對一天的辛勤工作正感到心滿意足時，定型化思維會出其不意地跑來扯後腿，丟下一句：「真的有那麼好嗎？」

為何應當練習自我對話

　　我們的內在聲音持續不斷地在腦海迴盪，心理學家發現，

內在聲音訴說的內容，會影響我們通往成功或失敗。二十世紀早期的心理學家李夫‧維高斯基（Lev Vygotsky）將小小孩的自我對話稱為「私語」（private speech）。若觀察獨自玩耍的幼兒，你可能會聽見他們自言自語，講述著正在發生的事情，維高斯基相信，這是小小孩正在努力理解這個世界。到了最後，那些聽得見的私語會轉變為內在獨白（或稱自我對話），努力地整理思緒、控制行為，並發展自我意識。因此跟孩子談論內在聲音有其重要性。有些孩子甚至不知道每個人都跟他一樣擁有內在聲音呢！

　　一名叫做衛斯理的五歲男孩去找老師，坦承在遊樂場打了同學。衛斯理說，他對自己一氣之下所做的事情感到很不好受，覺得應該全盤招供。「啊！」老師說：「你心裡的微小聲音知道你做錯事了，是吧？」他睜大眼睛看著老師，不敢置信地說：「你怎麼知道我心裡的聲音？」

運用 T 形圖，練習將定型化思維改為成長性思維對話
↓

　　自我對話是管理思維的關鍵所在。或許幫助學生管理思維的最好方式，就是幫助他們意識到腦海裡的定型化思維聲音與成長性思維聲音。一旦他們能夠釐清內在聲音是來自哪種思維，他們就可以改變對話。

　　意識到定型化與成長性思維的一種方式，是請學生回想他們在某件事上感到非常挫敗而放棄的一次經驗。首先，以你自

己的人生經歷為例。

　　當我念高中時，曾在網球錦標賽中打進決賽。我的決賽對手是全州排名第一的選手，她比我高大，紀錄比我優異多了。這是當時定型化思維對我說的話：「她比你高大，擊球的力氣比你更大。你不可能打敗她。你最好現在放棄，免得到時候丟臉。你被打敗的時候，會感到非常難受。」

　　然後問你的學生，你當時可以用哪些成長性思維的聲音，回應那些定型化思維的聲音。製作一個 T 形圖，一邊寫上你的定型化思維聲音，請學生在另一邊想出一些成長性思維聲音巧妙反駁、重整旗鼓的對話（見下頁表格十七）。

請學生做作業：用成長性思維回應定型化思維的聲音

　　當學生了解如何分辨定型化與成長性思維的聲音時，請他們合力製作 T 形圖，一邊寫出今年暑假定型化思維會如何搞破壞，另一面寫下他們可以如何用成長性思維一一回應（見下下頁表格十八）。

表格十七：**修正我的定型化思維 T 形圖**

我的定型化思維	修正我的定型化思維！
她比我高大。	我跟比我高大的人打過球，而且贏了！
她擊球的力氣比我大。	我必須格外迅速地回擊她所發的球。
我不可能打敗她。	我要努力試著贏得比賽。
我最好現在放棄，免得被打敗。	有尊嚴地盡全力比賽，比贏球更為重要。
等我輸了，會感到非常難受。	無論輸贏，接受這項挑戰會使我成為更好的球員。
她排名第一。	排名並非永久不變；如果我認真打，我也可能拿下第一。
這太難了。	無論如何，我會從這次經驗學到東西。
我永遠不可能那麼好。	跟強勁的競爭者對打，幫助我增長能力。
每個人都會認為我是輸家。	關心我的人，無論如何都會支持我。

表格十八：**請學生以合作方式完成以下 T 分配表**

我的定型化思維	修正我的定型化思維！
我永遠學不會游泳。	我應該詢問父母是否可以上游泳課，這樣就可以學會了。
我的壘球永遠不會打得像珍妮那麼好。	珍妮非常擅長壘球，我應該請她陪我練球。
我不可能完成暑假閱讀書單。	我要一步一腳印，一一挑戰閱讀書單上的每一本書。
暑期輔導是在浪費我的時間。	暑期輔導讓我有機會改善某些遇到瓶頸的地方。
我沒能進入暑假籃球隊，因為我爛透了。	我今年沒能進入球隊，但我會努力練習，明年再試一次。
我今年暑假不要花心力在數學上了，反正永遠學不好。	我今年暑假做的選擇，會幫助我下個學年上數學課時進入狀況。
真高興放假了，我超討厭上學。	我必須上學，所以我應該設法專注於學校好的地方，以及如何讓它變得更好。

為自己的定型化思維命名

↓

流行巨星碧昂絲曾告訴記者，為了克服天生的膽怯，她假想了一個舞台角色，命名為「魅力莎夏」（Sasha Fierce）。每當她站上舞台，她在心理上就轉換成另一個自我，給她需要的信心，展開熱力十足的演出。

對學生來說，要理解一種不知名的念頭，有時相當困難。因此賦予定型化思維一個名字，是向其施展某種控制感的絕佳方式。如同碧昂絲將她的另一個自我命名為「魅力莎夏」，以便在大型演出前將她召喚出來，你的學生也可以為他們的定型化思維命名，以做出更好的回應。一旦學生充分理解了定型與成長性思維，請他們給定型化思維取個名字，如果他們取的名字很搞笑就更好玩了。以下是一些例子：

負面奈莉（Negative Nelly）
臭起司小子（Stinky Cheese Man）
掃興黛比（Debbie Downer）

學生可以在為定型化思維命名時發揮玩心，而在他們取好完美的綽號之後，就可以開始直接向定型化思維喊話了。你會聽見他們說：「糟啦，負面奈莉在對我說話。」或是「走開，臭起司小子，我不想聽你說話。」

這或許看來有點傻氣，但杜維克也同意，為定型化思維

命名，是與其溝通的絕佳管道。[94] 就像我們希望孩子叫惡霸走開，不要煩擾他們。讓學生為定型化思維命名，是給他們一項工具，當他們想要回應定型化思維發出的訊息時可以使用。有時候要先確認定型化思維的恐懼所在，然後叫它放下恐懼，再以成長性思維向前邁進。

管理定型化思維聲音的策略
↓

另一種控制定型與成長性思維的好方法是，想出一句幫助自己回到正軌的口號。它可以是激勵人心的，如「我知道我做得來！」或者可以釐清事實，如「這項挑戰幫助我成長。」

下表是學生可以用來管理定型化思維聲音的策略（見下頁表格十九）：

成長性思維計畫

在《心態致勝》最後一章，杜維克寫到擬訂成長性思維計畫的重要性。[95] 杜維克說，擬訂計畫並想像實行的狀況，會幫助你在面對失敗與挫折等可能輕易將你擊出軌道的不良狀況時，適時運用成長性思維。

幫助學生撰寫「如何使用成長性思維」的計畫。詳細說明如何擬訂兩項暑期成長性思維計畫。第一項計畫的重點是他們

表格十九：**管理定型化思維的參考策略**

策略	說明
為定型化思維命名	請學生為他們的定型化思維命名。當他們的定型化思維聲音說：「你知道，現在放棄會容易得多。」他們可以用「走開，巴迪！」反擊。
進行思維角色扮演	請學生寫一篇小短文或一齣短劇，再表演出來，以協助學生面對他人的定型化思維。例如，學生可能會寫一齣短劇，劇中抱持定型化思維的大人說：「沒關係，又不是每個人都擅長代數。」而學生的回應是：「我現在還不擅長代數，但只要我很努力，總有一天我會的。」
責任夥伴	讓學生組成責任夥伴，承諾協助彼此促進成長性思維。如果你的夥伴屈服於定型化思維訊息的壓力，向他說一些成長性思維的激勵話語。
畫出定型化思維	用文字和圖畫表達定型化思維，是將其概念化的好方法。這項練習將幫助學生更能辨識自己何時落入了定型化思維，一旦能夠辨識，就更容易加以控制。
選擇成長性思維口號	研究顯示，想出口號可以幫助運動員重新專注在比賽上。同樣地，當學生覺得自己快陷入定型化思維時，可以用口號做為回到成長性思維的心理暗示。（我們的本月箴言「我做得到！」就是很好的例子。）
寫信給定型化思維	請學生用自己的成長性思維寫信給定型化思維。

想要在暑假學習的新事物（游泳、烹飪、下棋等）；第二項計畫則是幫助他們處理一個問題（與兄弟姊妹相處、增進閱讀能力等）。

第一項計畫：學習新事物

我學習新事物的成長性思維計畫

我想要學＿＿＿＿＿＿＿＿＿＿＿＿＿＿＿＿＿＿＿＿＿

我的學成日期是＿＿＿＿＿＿＿＿＿＿＿＿＿＿＿＿＿＿＿

我需要的資源是＿＿＿＿＿＿＿＿＿＿＿＿＿＿＿＿＿＿＿

我達成目標的方式是＿＿＿＿＿＿＿＿＿＿＿＿＿＿＿＿＿

我的學習障礙是＿＿＿＿＿＿＿＿＿＿＿＿＿＿＿＿＿＿＿

我克服障礙的方式是＿＿＿＿＿＿＿＿＿＿＿＿＿＿＿＿＿

如果我犯錯，我會＿＿＿＿＿＿＿＿＿＿＿＿＿＿＿＿＿＿

我的定型化思維會說＿＿＿＿＿＿＿＿＿＿＿＿＿＿＿＿＿

我的成長性思維會回應＿＿＿＿＿＿＿＿＿＿＿＿＿＿＿＿

以下是我知道自己有所成長的方式：

1. ＿＿＿＿＿＿＿＿＿＿＿＿＿＿＿＿＿＿＿＿＿＿＿＿＿＿

＿＿＿＿＿＿＿＿＿＿＿＿＿＿＿＿＿＿＿＿＿＿＿＿＿＿＿

2. ＿＿＿＿＿＿＿＿＿＿＿＿＿＿＿＿＿＿＿＿＿＿＿＿＿＿

＿＿＿＿＿＿＿＿＿＿＿＿＿＿＿＿＿＿＿＿＿＿＿＿＿＿＿

3. ＿＿＿＿＿＿＿＿＿＿＿＿＿＿＿＿＿＿＿＿＿＿＿＿＿＿

＿＿＿＿＿＿＿＿＿＿＿＿＿＿＿＿＿＿＿＿＿＿＿＿＿＿＿

我學習新事物的成長性思維計畫（範例）

我想要學　吹法國號。

我的學成日期是　暑假結束時。

我需要的資源是　法國號及老師、**YouTube** 教學影片、相關書籍。

我達成目標的方式是　每天練習一小時、參加暑期樂團夏令營、跟其他會吹法國號的朋友一起練習。

我的學習障礙是　我沒有足夠的時間可以練習一小時。鄰居可能受到噪音煩擾。我沒有錢請老師。

我克服障礙的方式是　安排固定的練習時間，好讓自己不會忘記練習。利用鄰居上班的時間練習。多做家務賺取學費。

如果我犯錯，我會　尋求協助並提醒自己正在進步中。

我的定型化思維會說　永遠學不會法國號，放棄吧！

我的成長性思維會回應　如果我繼續努力，我將會吹奏得愈來愈好。

以下是我知道自己有所成長的方式：

1.　我學會基本音符。

2.　我學會吹奏兩首歌。

3.　我會製作一支解說法國號基本樂理的 YouTube 影片。

第二項計畫：如何面對及解決問題

↓

我面對問題的成長性思維計畫

我的問題是

我解決問題的截止日是

我解決問題需要的資源是

我解決問題的方式是

我解決問題的障礙是

我克服障礙的方式是＿＿＿＿＿＿＿＿＿＿＿＿＿＿＿

如果計畫無效，我會＿＿＿＿＿＿＿＿＿＿＿＿＿＿＿＿

我的定型化思維會說＿＿＿＿＿＿＿＿＿＿＿＿＿＿＿＿

我的成長性思維會回應＿＿＿＿＿＿＿＿＿＿＿＿＿＿＿

以下是我知道自己解決了問題的方式：

1. ＿＿＿＿＿＿＿＿＿＿＿＿＿＿＿＿＿＿＿＿＿＿＿＿
＿＿＿＿＿＿＿＿＿＿＿＿＿＿＿＿＿＿＿＿＿＿＿＿＿

2. ＿＿＿＿＿＿＿＿＿＿＿＿＿＿＿＿＿＿＿＿＿＿＿＿
＿＿＿＿＿＿＿＿＿＿＿＿＿＿＿＿＿＿＿＿＿＿＿＿＿

3. ＿＿＿＿＿＿＿＿＿＿＿＿＿＿＿＿＿＿＿＿＿＿＿＿
＿＿＿＿＿＿＿＿＿＿＿＿＿＿＿＿＿＿＿＿＿＿＿＿＿

我面對問題的成長性思維計畫（範例）

我的問題是　我在閱讀上落後兩個年級。＿＿＿＿＿＿

我解決問題的截止日是　下學年開學以前。＿＿＿＿＿

我解決問題需要的資源是　老師提供的閱讀材料；朋友、老師
或家長的協助；網路上的閱讀練習資源。＿＿＿＿＿＿

我解決問題的方式是　請老師協助我擬訂一個增進閱讀技巧的計畫，每天練習。

我解決問題的障礙是　我可能不想練習，我可能會遇到瓶頸或挫折。

我克服障礙的方式是　提醒自己，練習是增進閱讀技巧的關鍵，或嘗試閱讀真正令我感興趣的書籍，例如《哈利波特》，這樣我就會想要讀了。

如果計畫無效，我會　向老師請教其他增進閱讀技巧的方式。

我的定型化思維會說　你永遠讀不來的，放棄吧！

我的成長性思維會回應　我會增進閱讀技巧，只是需要努力、練習和時間。

以下是我知道自己解決了問題的方式：

1.　我能夠更加理解我所閱讀的內容。

2.　我能夠自行閱讀艱深的書籍。

3.　我能在線上閱讀遊戲進階到更高等級。

第三項計畫：列出「啟動條件」清單

↓

為學生擬訂成長性思維計畫其中的一環，是幫助他們辨識哪些特定的動作、行為及處境，會啟動他們的定型化思維。

「若是我們仔細觀察啟動定型化思維的條件，我們就可以展開邁向成長性思維的真實旅程。」杜維克在《教育週報》中寫道。[96]

跟學生一起列出「啟動條件」清單，就能做好準備，以成長性思維面對它們。清單可能包括以下狀況：當我生氣時、當我想要放棄時、當我沒心情上學時、當我覺得壓力很大時、當我對自己的表現感到焦慮時。一起列舉這些狀況，學生就能在實際發生時做出更好的因應準備。

我的定型化思維啟動條件

1. _____

_____

2. _____

_____

3. _____

_____

4. _____

_____

5. _____

　　_____

　　為可能遭遇的挫折做好計畫與準備，是保持成長性思維的絕佳方式。當學生提出陷入定型化思維時的行動計畫，他們就會做好實施計畫的準備，以成長性思維策略對付失敗及失望的感覺。但這並不表示他們的定型化思維會就此消失 —— 定型化思維永遠都會在 —— 只表示學生有備而來，更有能力運用成長性思維策略，去克服問題或迎接新的學習挑戰。

說再會

　　學年的尾聲總是苦樂參半，這是漫長而艱辛的一年。你笑過、你哭過，你認識並深愛這些有趣而形形色色的孩子，他們在這過去的十個月內，已把你的教室視為另一個家。送走他們並不容易，但要有信心，知道你已透過傳授他們成長性思維的力量，以及大腦透過努力得以成長改變的知識，給了他們前進時可用的寶貴工具。這些知識會幫助學生將努力與挑戰，視為進步與個人成長，而非失敗與個人不足。

　　在《心態致勝》變得廣受歡迎的同時，杜維克發現有些人搞錯了重點。有些教師開始在教室裡「禁止」定型化思維，但這違反了人性直覺。每個人都擁有定型化思維與成長性思

維。即便這一年，你以絕佳的方式幫助學生促進成長性思維，你仍然必須記得，他們的定型化思維永遠都會存在，不可能讓定型化思維就此消失。我們所能做的，是給學生工具，來運用他們的成長性思維，幫助他們進步。如果我們把擁有「最佳」成長性思維轉變為另一種競爭或表現方式，事實上只會煽動定型化思維：

如果老師覺得我的成長性思維不夠好，怎麼辦？瑪麗亞的成長性思維比我好，跟她比起來，我真是失敗者。如果我有定型化思維，老師會覺得我很笨！

每一天都有許多因素會影響學生的思維。我們不能讓他們擺脫定型化思維，只能盼望給他們一套策略，幫助他們避免陷入失敗的泥沼、對於承接挑戰心生畏懼，認為自己出於某種原因無法勝任，或在遺傳、智力上注定無法從事、學習或完成某些事情。然而這種信念架構上的轉變，唯有當環境給予支持時才得以發生。如果我們持續提供用個人讚美、表現型作業、懲罰錯誤與失敗來灌輸孩子，他們如何能夠接受新的信念，相信自己擁有進步的力量？

送孩子升級或進入社會，並明白你給他們的工具，足以幫助他們克服一生中的障礙與挑戰。然後在過程中，你很可能也發展了自己的成長性思維。

第
十
一
個
月

如果我不照顧自己，
就沒辦法照顧別人！

唯有觀照自己的內心深處，你的視野才會變得清晰。

向外看的人，猶在夢中；向內看的人，得以覺醒。

——卡爾 · 榮格（Carl Jung）

 目標

☑ 撰寫引導式日誌，反省你的成長性思維年。

☑ 擬訂在四個層面養精蓄銳的計畫。

反省與改進

　　反省是改進教學的關鍵要素。畢竟，如果你不花時間思考是哪裡出了錯，又怎麼能期望消弭落差或解決問題呢？缺乏有意義的反省，教師就注定要一再重複同樣的失敗。我們鼓勵學生為自己的錯誤負責，並採取改進措施，下次要做得更好，而我們也應當秉持同樣的標準對待自己。

在我跌倒的地方 —— B 女士的日誌

　　回顧我在高中教英文的第一年，我可以信心滿滿地說，我那時候真是糟透了。是的，你沒聽錯。一，團，糟。

　　我過度使用傳統的講課模式，向學生提出的全都是錯誤的問題。當然，我也有做得不錯的地方，像是鼓勵學生以《唐吉軻德》（*Don Quixote*）為題展開慷慨激昂的辯論，以及針對《猶太人大屠殺》（*The Holocaust*）進行引人注目的專題研究，但多半時候，我充其量只是個平庸的老師。唯一值得高興的是，我跟學生建立了個人關係，並對他們的生活很有參與感，但我知道自己在幫助他們投入學習上做得不夠，更糟的是，沒有幫助他們彼此建

立關係。真令人傷感。我是如此熱愛莎士比亞和《梅岡城故事》（ *To Kill a Mockingbird* ），甚至是字彙，但是天啊～從學生眼中，除了短暫閃過的光芒，卻怎麼也看不到他們反映出我那樣澎湃的熱情。

　　我是哪裡做錯了？說「每件事」都做錯，會太苛刻了嗎？那年過後，我離開教室，成為一名圖書館媒體專員，然後花了幾年的時間，在家陪伴自己的小孩，擔任教育作家及顧問。當我最小的小孩開始準備上學，我也準備回到學校，這次我學聰明了，我擬出一份回到教室的行動計畫。

　　1. **閉嘴。** 沒人想聽我說話。他們想要探索、分析與創造。他們希望想出自己的點子，而不是坐著聽我喋喋不休地說出自己的想法。

　　2. **拋開評分量表。** 反正這一直也是我的困擾，可以擺脫最好。我討厭打分數，那是我從來就無法理解、且總認為失之武斷的例行公事。我會改為安排有意義的作業，以促進成長的合理方式，評估作業的完整性與不足之處。

　　3. **給學生自主權。** 對我來說，教書生涯中最奇怪的事，莫過於快要長大成人的學生連去個洗手間還要經過我的許可。我的意思是，我了解班級常規的重要性，但這似乎管太多了。在我許可了這麼多的廁所休息時間當中，只有一名學生藉機落跑，而且坦白說，如果我必須繼續聽自己這樣滔滔不絕下去，我也會藉機落跑。我願意冒險一試。我希望學生在他們的學習及上廁所時間上

擁有自主權。我的最新戰術是：有這麼引人入勝的課程，學生才
不需要尿遁呢！

4. **不再有選擇題**。唉，我為我過去在班上出的選擇題試卷感
到無比難堪。現在的我可以列出一百萬零一個又棒又吸引人的方
式，來檢視學生的理解狀況，而且連一道選擇題都沒有。

5. **專注於學習，而非教學**。我教書的第一年，花了太多時間
在擔心自己教了什麼，並未真正思考學生學了什麼。即便我與學
生發展了良好的關係，也深深關心他們，我仍然覺得自己在幫助
他們邁向真正學習的道路上有所不足。

回顧從前，看見我在這麼多方面虧欠學生，感覺好嗎？其實
不然。但你知道嗎？這比起完全拒絕回顧要好得太多。身為老
師，反省是不容妥協放棄的關鍵領域。我們必須持續檢視自己，
因為我們的工作承擔極高的風險。當然，我在教書第一年犯過許
多錯誤，但我對自己和學生的重視程度，足以使我反省那些錯
誤，釐清如何避免重蹈覆轍。我想，只要花一點時間反省，加上
願意承認過去的錯誤，任何老師都可以從優秀（或者以我的例
子，是十分平庸）走到卓越的境界。

反省你的成長性思維年

知名教育改革家約翰・杜威（John Dewey）曾說：「我們不是從經驗中學習，而是從反省經驗中學習。」你已花了一年的時間，根深柢固地發展自己的成長性思維，以及培養學生的成長性思維，現在是深入思考整個過程的時候了。哪些是你做得好的地方？你這一路上犯了哪些錯？透過以下的日誌引導，著手對成長導向教室的建造過程進行深度反省。

優秀的教師每天都會進行反思實踐（reflective practice）。透過反省，教師會發現課程中有效的部分，以及可能需要微調或全然捨棄的部分；或是腦力激盪，想出更好的方式以吸引遇到瓶頸的學生。

填寫「引導式日誌」，找出問題並改正
↓

不過除了每日反省，在學年末了針對教學實務進行全面回顧也很重要。我們設計了這份引導式日誌，幫助你理解：成長性思維如何改變你的教學方式，以及學生的學習方式。要進行這項引導式日誌練習，就要回答以下數個或全部的日誌問題與提示。但不要只是回答問題！請花時間思考問題，重讀問題，並用它們做為靈感來源，想想如何在下個學年更善加使用課堂思維訓練。

回答以下部分或全部的問題與提示。

⊙ 描述你當初展開這個過程時的思維：

_____

_____

_____

_____

_____

⊙ 回想某個抱持成長性思維的人。他是什麼樣的人？他如何面
　對生命？

_____

_____

_____

_____

⊙ 在課堂上執行成長性思維策略時，初步遇到的障礙是什麼？

_____

_____

_____

_____

⊙ 描述學生在學年一開始的思維：

_____

_____

_____

_____

_____

⊙ 描述你的學生對於學習思維的反應：

_____

_____

_____

_____

_____

⊙ 在課程中，學生遇到的問題是⋯⋯？

_____

_____

_____

_____

_____

⊙ 我改造教室以反映成長性思維的方法是……？

_____

_____

_____

_____

⊙ 我邀請家長參與成長性思維之旅的方法是……？

_____

_____

_____

_____

⊙ 我最喜歡的成長性思維資源是……？

_____

_____

_____

_____

⊙ 教導學生關於大腦可塑性的結果是⋯⋯？

_____

_____

_____

_____

_____

⊙ 你如何在課程中融入大腦發展的知識？

_____

_____

_____

_____

_____

⊙ 描述學生對於運用「後設認知」策略的回應。

_____

_____

_____

_____

_____

⊙ 運用成長性思維策略，是否改善你在校內的任何人際關係？

_____

_____

_____

_____

_____

⊙ 回想你在這一年遇到的某個抱持定型化思維的人。你當時如
   何回應？

_____

_____

_____

_____

_____

⊙ 運用成長性思維策略如何改善你與家長的關係？

_____

_____

_____

_____

_____

⊙ 這一年你如何挑戰學生？

_____

_____

_____

_____

_____

⊙ 描述你如何將公平融入教學實務。

_____

_____

_____

_____

_____

⊙ 說明你用於差異化教學的關鍵策略。

_____

_____

_____

_____

_____

⊙ 你在差異化教學上可以如何改進？

_____

_____

_____

_____

_____

⊙ 你透過哪些方式融入學生的興趣？

_____

_____

_____

_____

_____

⊙ 你如何設定並傳達對學生的高期望？

_____

_____

_____

_____

_____

⊙ 學習成長性思維是否改變了你讚美學生的方式？

_____

_____

_____

_____

⊙ 學習成長性思維是否改變了你向學生提供意見反饋的方式？

_____

_____

_____

_____

⊙ 你的學生如何做出同儕回應？

_____

_____

_____

_____

⊙ 你如何幫助學生培養恆毅力？

_____

_____

_____

_____

_____

⊙ 如何設定目標幫助學生進步？

_____

_____

_____

_____

_____

⊙ 你做了哪些努力，將錯誤常態化？

_____

_____

_____

_____

_____

⊙ 詳述這一年有哪一個錯誤轉變為學習機會。

_____

_____

_____

_____

_____

⊙ 你訓練學生經歷挫折的最佳策略是……？

_____

_____

_____

_____

_____

⊙ 你融入建設性失敗的一項策略是……？

_____

_____

_____

_____

_____

⊙ 你融入「還沒」原則的方式是⋯⋯？

_____

_____

_____

_____

_____

⊙ 在閱讀本書後，你如何改變進行形成性評量的方式？

_____

_____

_____

_____

_____

⊙ 在閱讀本書後，你如何改變進行總結性評量的方式？

_____

_____

_____

_____

_____

⊙ 你的學生做過哪項「擁有處理知識的能力」的作業？

_____

_____

_____

_____

_____

⊙ 整體而言，成長性思維如何改變你的教學方式？

_____

_____

_____

_____

_____

⊙ 學生的思維在學年末有何改變？

_____

_____

_____

_____

_____

⊙ 你認為成長性思維訓練對學生未來的求學生涯有何影響？

_____

_____

_____

_____

_____

⊙ 在你的成長性思維旅程中，誰曾經幫助過你？他給予什麼樣
　的幫助？

_____

_____

_____

_____

_____

高效能教師的暑期習慣

在暢銷書《與成功有約：高效能人士的七個習慣》（_The Seven Habits of Highly Effective People_）中，史蒂芬・柯維（Stephen Covey）用「不斷更新」（sharpening the saw）做為「照顧自己」的婉轉說法。柯維將「不斷更新」列為七個無所不在的習

慣之一，因為他相信在人生中，達到成功的基本要素是「保存與保護你所擁有的最大資產——你自己」。[97]

　　這絕對無庸置疑，正如本月箴言所說，如果我們不先照顧好自己，就沒辦法照顧別人。但面對現實吧！在整學年忙於照顧學生的一片混亂中，我們的個人需求往往退居其次。如果我們能夠一年到頭不斷「更新」，那當然再好不過，但教師在一年當中多半處於「付出」模式：付出他們的時間、金錢、愛與關注在所有仰賴他們的人身上，每天結束都發現自己筋疲力竭。這就是利用暑假期間不斷更新會如此重要的原因。柯維說，有四項領域需要我們不斷更新：體能、社交情緒、心智精神與心靈。

　　「感覺良好不會自動產生。你不可能只是一彈指，卻不持續努力，就可以判定感覺良好，」柯維寫道：「活出均衡的生活，意味著投注必要的時間更新自己，一切操之在己。」[98]

　　對教師來說，在一學年的辛勤工作後，還有什麼時間比暑假更適合享受放鬆與重新出發呢？但善待自己不應僅限於暑假。利用這個機會，培養可以一年到頭持續照顧自己身心靈的正面習慣。

　　健全的自我照顧與規律的保養，無論付出的努力是多麼微小，對你整體的幸福與成功都不可或缺。這個暑假，趁著時間充裕，設法培養一些有益健康的自我照顧習慣。等到開學後，你可能沒有那麼多時間繼續從事那些活動，但仍應當在每天的例行公事中，設法尋找結合感覺良好與均衡生活的方式。

　　以下針對體能、社交情緒、心智精神、心靈等四大方向著手，提供建議，以幫助你不斷「更新」。

體能層面

　　教學是一項非常耗費體力的工作。教師經常處於活動中，包括在教室裡來回走動、蹲下來跟學生說話，以及在走廊上四處奔走。這份工作不可能久坐不動。當教師一天下來身心俱疲，可能會想要放棄做額外的運動。但我們知道，運動對身心均有極大的益處。運動已被證實可以提振情緒、提升精力、促進睡眠、改善整體健康，而且還很好玩。是的，沒錯，運動可以很好玩！

　　我們可以透過運動、健康飲食及充足睡眠，在體能上不斷更新。你知道成人每日的建議睡眠時數是七至九小時嗎？這樣充足的睡眠在學年當中似乎是遙不可及的夢想，但暑假是你建立良好睡眠習慣的機會。以下是將運動、健康飲食及充足睡眠融入暑假行程的建議方式：

　　健走（或跑步）。 買支 FitBit 運動手錶或計步器，試試在暑假期間每天走路或跑上一萬步。這是很棒的運動，不需要任何健身房會員卡或特殊設備。不妨考慮搜尋網路現有的數千支優質播客節目，就可以將運動與娛樂結合為一。

　　瑜伽。 瑜伽是絕佳的復原運動，可以淨化心靈，挑戰身體極限。幾乎所有人都能以安全有效的方式做瑜伽，甚至不需要

上課！YouTube 上有數百支免費的瑜伽教學影片。打開你的瑜伽墊，就定位吧！

● **園藝**。園藝是結合運動與健康飲食的活力來源。如果你拔過草，就會知道那是繁重的工作。園藝是將運動與健康飲食融入暑假行程的不敗途徑。運動來自於照顧植物，健康飲食則來自於你親手種下的蔬菜水果。

● **晚起**。這個暑假早睡晚起，再睡個午覺吧！因為你可能需要好好補眠。充足睡眠是身心健康的關鍵要素，而這在學年當中往往難以獲得。因此不妨在暑假期間來個「冬眠」。如果你整天都不想換下睡衣，那也無妨。

● **上舞蹈課**。或跆拳道、飛輪或太極課，上什麼課無所謂，出門活動一下就是了！游泳也是適合夏天從事的有益活動。教師很少有當學生的機會，上一些運動課程，是活動筋骨與回歸學生身分的絕佳管道。

社交情緒層面

照顧情緒健康與照顧身體健康同樣重要。你很容易（也很想要）關起門來足不出戶兩個月，但那卻不利於長期健康。進行社交活動與情緒上的更新，意味著與有趣的人來往、參與促進情緒健康的活動，以及修復整個學年經常被擱置一旁的友誼與人際關係。以下是在暑假期間更新社交情緒的一些建議。

● **參加讀書會**。或任何你有興趣的社團，棋藝、舉重、集

郵都可以。社團的種類不重要，重要的是花時間與擁有共同喜好的人一起從事你熱忱的事物。

● **義工。**擔任義工是滋養靈魂的絕佳方式。你所居住的社區一定有許多擔任義工的機會。你或許會想尋找跟兒童有關的服務機會，但也可以考慮花時間協助成人、動物或環境，體驗不同於平常日復一日與孩子共處的工作型態。

● **跟朋友喝杯咖啡。**或跟他們喝個小酒。在暑假固定安排時間跟喜歡的朋友見面，共進晚餐，捧腹大笑，就會讓你感到無比舒暢。

● **接受治療。**對話治療、藝術治療、購物治療、按摩治療，無論你選擇什麼樣的治療方式，接受某種形式的治療，是釋放壓力與改善情緒的絕佳管道。

心智精神層面

我們知道，你已經花了一整年的時間專注於心智精神層面上的追求，現在是休息的時候了！但重點是：你可能不該在更新心智上休息。你可以花時間探索新的想法，敞開心扉，在教學與教育內外的各種領域尋求新的經歷。

● **上課。**學習某項新事物，享受一下當學生的感覺。重回學生角色，可能會讓你領悟過去未曾想到的嶄新教學模式。

● **閱讀。**閱讀是兼顧學習、成長與放鬆的極佳方式。還記得你那個不斷加長、卻始終沒有時間進行的待讀書單嗎？暑假

是開始閱讀的完美時機！

● **教學**。是的，沒錯。教學是更新心智的絕佳管道，而且你已經是這方面的專家了！不妨考慮在暑期工作坊或研習會授課。教師在暑假有許多機會跟同事及同儕分享最佳教學實務，善加利用吧！

● **撰寫感恩日記**。花時間寫點東西！書寫（或打字）可以幫助我們整理情緒。寫你的生活、經驗及感恩的事物，什麼都好，寫就是了！日記已被證實可以提振情緒，更新心智。

心靈層面

柯維提出的第四個層面是心靈層面。當你內心平靜，會比較容易真實反省自己的價值觀、信念與感受。無論你選擇以禱告、冥想或其他方式反省，刻意參與一項平靜身心與向內觀照的活動，有其重要性。只花十分鐘安靜而專注地反省，就會對你的心靈帶來神奇的影響。

● **出門走走**。置身於大自然，具有一種超然的療效。安靜地享受自然滋養我們的靈魂吧，鮮少有事物能達到這種效果。也許是因為少了各種裝置，或是因為少了人潮，但無論如何，花時間享受大自然都會對性靈帶來莫大的好處。

● **冥想**。對許多人來說，默想是深度的靈性經驗。如果你從未冥想過，不妨參考相關書籍或教學影片。你將學會靜止、放鬆身體、專注呼吸、讓心思流動，從裡到外舒緩靈魂。

● **做禮拜**。許多人是透過宗教儀式來磨練性靈。試試參加本地的教會、清真寺或猶太教堂的崇拜儀式。你甚至可以考慮參加不同宗教的聚會，獲得耳目一新的觀點。

● **從事藝術活動**。從事藝術或音樂活動可以是深度的靈性經驗。獨自創作的過程給予我們時間與空間專注於手中的工作，同時檢視我們內在的動機與渴望。

結論：找到更新自我身心靈方式

不斷更新就是照顧自己。你可能有自己的一套照顧心智精神、體能、情緒與心靈健康的策略，那很好。從事任何可以幫助你提升能量、動機與情緒的活動。在學年末了，教師往往會感到筋疲力竭，因此找到更新身心靈的方式，讓自己在下學年重返學校時蓄勢待發，絕對必要。

第
十
二
個
月

新的一天是新的成長機會

你將啟程去那美好的地方！今天就是出發的好日子！
你的世界正等著你！所以，出發吧！
——蘇斯博士（Dr. Seuss）

目標

☑ 學習面對定型化思維的策略，並充分利用學習機會。

☑ 發展個人線上學習網路。

☑ 尋找成長性思維資源，支援你的旅程。

切入學習模式

　　多數教師並沒有真正放暑假。他們忙著研擬課程、參加會議、教暑期輔導課程，或重組與改進課程。當然，我們總是聽見許多被誤導的人說：老師可以放兩個月的假，真是好命。但優秀的老師不會放空兩個小時停止思考如何改進，更別說是兩個月了。

　　許多教師在學期末的最後一天，就切換出教學模式，直接進入學習模式。他們求學若渴地捧讀一整個學年沒時間翻閱的書籍，報名進修教育或教師研習課程，參加研討會及夏令營，取得額外證書，同時還要忍受眼紅的外行人一有機會就冷嘲熱諷，提醒他們可以多麼輕鬆愉快地放大假。對教師來說，在暑假期間放鬆與更新極其重要，但參與一些平時在忙亂間往往暫緩或忽略的學習機會，同樣重要。

　　在你持續你的思維旅程時，刻意練習與培養成長性思維，應當納入你的暑期自我豐富行程。你可以尋找資源（本章末會列出許多參考資源），了解更多關於思維研究，並取得能幫助自己發展成長性思維，以及持續培養學生成長性思維的各種策略。除了正式的思維學習管道，每一天，你都有機會透過面對

生活中各個面向的不同情境，發展與鍛鍊成長性思維。

用成長性思維面對五種情境的練習

　　杜維克在《心態致勝》中說，每一天都賜予我們成長與幫助他人成長的機會[99]，並建議我們擬訂計畫，把握這些成長機會。[100] 她列出五種情境，當抱持成長性思維的人身置其中時，會傾向尋找機會成長與改變，而抱持定型化思維的人則不計一切代價極力避免。這五種情境是挑戰、阻礙、努力、批評，以及他人的成功。[101] 花時間思考如何用成長性思維面對這些情境，並在暑假期間尋找練習機會。

　　比方說，你在暑假期間要面對一門棘手的教師研習課程。在這個課程進行中，你會遇到杜維克列出的五種情境。我們來看看從定型化思維及成長性思維的觀點，會產生哪些假設的情境與回應（見下頁表格二十）。

重新定向，讓定型走向成長

　　以定型化思維面對學習機會，會帶你走上一條通往挫敗、嫉妒與認輸的道路。但以成長性思維面對嶄新而困難的事物，是擴大視野、認識新朋友與獲得知識的機會。以成長性思維面對新的學習挑戰極其重要，如此一來，你才能善加利用學習機會，並且有機會幫助那些陷入定型化思維的人。有時

表格二十：**五種情境所對應的定型化及成長性思維**

情境	定型化思維說……	成長性思維說……
挑戰 第一天上課，你就知道這門課極具挑戰性，勝過以往參加過的任何課程。	我要離開這裡！有人要找我的話，我會在我的舒適圈裡。	這值得一試！最糟的狀況就是我只學到皮毛。
阻礙 糟糕，第一項作業就不好過了。	我猜不是每個人都擅長這個。	哇！這遠比我想像的還要棘手。我得重新安排一些事情，才能投入更多時間在這門課上。
努力 一項大型專題需要你熟悉某些新概念，以及練習某些新技巧。	我就只做我會的事，再慢慢應付其他的部分。大費周章地探討那些根本不重要的事，毫無意義。	這需要我投入許多努力，但如果能夠理解這些技巧與概念，將會為我打開這個領域的許多可能性。
批評 教師針對你完成專題採用的策略，提出一些批評與意見反饋。	反正我才不在乎老師的意見。她很明顯從我一踏進教室那刻就討厭我。	老師針對我可以改進的部分，提出很好的觀點。不知道她是否願意在課後跟我做進一步的討論？
他人的成功 蒂娜的專題拿到 A，而你沒有。	蒂娜拿到 A 是當然的啦。不過這個 A 得來不易；有看見她花費多少工夫來做這個專題嗎？她顯然並不聰明。	哇！蒂娜的專題思慮周全，獨一無二。我要在下次進行專題以前好好向她討教。她會是幫助我改進的良師益友。

候，一切只需要稍微重新定向即可。

　　一位朋友告訴我們，她在大學時代的課程中，曾經必須全程參與漫長的班級期末報告發表。這場報告是整學期研究心血的高潮，每個人有十五分鐘的發表時間。這堂課排了十場報告，接下來還有六個人要上台。這一晚變得格外漫長，遠遠超出她的計畫。她坐在那裡聽同學報告得愈久，就變得愈不耐煩。最後，她靠到身旁的同學抱怨：「最好每個人都快一點，這樣我們就可以回家了。」那名同學的視線並未離開台上報告的人，低聲回答：「但我學到好多！特別是從你身上。」

　　我們的這位朋友十分難為情，對於自己面對學習機會毫無耐性與漠不關心，而感到無比困窘。她調整態度，重新把注意力放到台上，那晚果真學到有趣的新知。有時候，只需要巧妙地小小責備定型化思維，就足以讓它打退堂鼓。如果你周圍的人呈現定型化思維，而錯過寶貴的學習機會，試著用成長性思維的話語改變情境。我們以之前的教師研習課程為例，用成長性思維重新定向，來回應定型化思維的訊息（見下頁表格二十一）。

我們經常聽到教師自稱為「終生學習者」

↓

　　教育界的標準與典範不斷改變，因此對彈性與成長特質予以高度重視。但事實上，教學領域就如其他產業，也存在著許多抱持定型化思維的人，拒絕嘗試新的教學實務，年復一年

表格二十一：**把定型化思維轉變為成長性思維的回應**

定型化思維說……	成長性思維回應……
我要離開這裡！有人要找我的話，我會在我的舒適圈裡。	不要離開！這門課很棘手，但我們可以一起完成。
我猜不是每個人都擅長這個。	我想如果你堅持到底，最後會是值得的。
我就只做我會的事，再慢慢應付其他的部分。大費周章地探討那些根本不重要的事，毫無意義。	我認為大費周章就是意義所在。我們正是需要這樣的努力，才能進步。
反正我才不在乎老師的意見。她很明顯從我一踏進教室那刻就討厭我。	她是這方面的專家！如果你覺得她不喜歡你，或許應該跟她私下談談？
蒂娜拿到 A 是當然的啦。不過這個 A 得來不易；有看見她花費多少工夫來做這個專題嗎？她顯然並不聰明。	我承認蒂娜非常認真。下次我們應該請她加入我們這組。我想我們可以從她身上學到很多！

端上同樣的課程，對教師研習機會大發牢騷。你很可能會遇到一些這樣的人。好消息是，你可以成為引領改變的人。堅定的成長性思維不僅給你工具去面對新的學習挑戰，無懼失敗與自己的不足，也給你能力去幫助那些在改變時力不從心的人。切記，懼怕失敗與不足是強烈的感覺，往往會使人陷入定型化思維的漩渦。給力不從心的同事一個機會，讓他們能透過成長性

思維的眼光來觀看自己的處境。也許這正是他們從錯過機會轉向把握機會，所需要的契機。

找到使你成長的 PLN

現在的教師不需要勉強自己接受當地學區所舉辦兩個月一次、一體適用的教師研習。透過個人線上學習網路提供的無限資源，他們可以主導自己的學習。個人學習網路（PLN）是一群與你建立關係的人，一同分享理念、互相合作、討論你們的專業領域，設法豐富與激勵彼此。

「親自到場參加教師研習非常實用，不過它很簡短，若不加強練習就很容易忘記。」美國伊利諾州霍夫曼莊園（Hoffman Estates）詹姆斯柯南特高中（James B. Conant High School）的英文教師，同時也是熱衷於使用推特進行教育的用戶喬登・卡特潘諾（Jordan Catapano）說：「社交媒體是延伸學習的關鍵。老師可以跟其他在教師研習現場碰過面的老師或講員保持聯繫，也可以找到跟教師研習內容有關的額外資源、教材及對話。」[102]

利用社交媒體網路，教學平台無遠弗屆
↓
在網路上現身，對於想要透過臉書（Facebook）及推特

（Twitter）等社交媒體平台彼此聯絡的老師來說，會是寶貴的資產。特別是推特，已為成為迅速擴增的爆炸性資源，供有志發展個人學習網路、分享資源、與志趣相投的同業聊天的教師們使用。抱持成長性思維的教師熱切尋求新的理念、觀點與意見，以持續發展他們的教學技能。卡特潘諾最初加入推特，是為了讓學生看見，這只不過是另一種毫無意義又浪費時間的玩意兒，但當他看到教師們在這個平台上分享的豐富對話與資源，卻立刻迷上了。

　　「推特幫助我在學校裡成為一名領導者，」卡特潘諾說：「社交媒體讓我持續走在教育理念與實務的尖端，我也會把自己在網路上學到的東西跟同事們分享。推特讓我認識新的觀念及工具，包括成長性思維、Google Classroom、標準本位的評分系統、當代教室環境，以及社交書籤（social bookmarking）。若沒有社交媒體，我不會聽說這些東西。現在我覺得自己裝備齊全，可以在我的教室裡融入這些元素，也可以協助他人認識這些事物。」[103]

用主題標籤找到同領域的教學同好

　　對不熟悉的人來說，推特是一種社交媒體網路，而且使用者只能張貼不得超過一百四十字的訊息。但教師們會被推特吸引，因為它是一個彼此聯繫與分享理念的地方。他們通常透過主題標籤（hashtag）找到彼此。主題標籤是用「#」串聯一

個字，代表可以搜尋的討論主題，例如，#engchat 就是英文老師用來彼此聯繫的人氣標籤。你可以搜尋同業在推特上使用的標籤清單。一旦註冊後，你就會進入學習曲線，意思是你必須保持成長性思維，去經歷學習中的種種細節，直到你找到自己的節奏。當你看見其他使用者張貼有趣的想法、文章、圖片等，吸引你的注意，你可以「追蹤」他們。每當你登入帳號，他們的貼文就會自動傳送給你。

　　「當我有問題，我會把椅子轉過去，問辦公室裡的其他英文老師，」卡特潘諾說：「但我的辦公室裡只有幾名老師，如果他們無法回答我的問題或提供我所需要的資源，那該怎麼辦？建立社交媒體個人學習網路，確實提供老師數千名可以『把椅子轉過去』的學習對象，毫不誇張。」[104]

　　成長性思維在推特上格外獲得教師們的廣大追蹤。只要搜尋 #growthmindset，你就會發現許多教師討論他們在教室裡運用成長性思維的原則。無論你對什麼樣的主題有興趣——成長性思維也好，或是其他有關教學或教育的面向也好——你幾乎絕對可以在社交媒體找到討論那項主題的人。如果真的沒有，你也可以開啟話題。以下是一些社交媒體平台（見下頁表格二十二），供你建立個人學習網路參考。你可能已經在私人領域使用其中某些平台，但不妨考慮把這些列入你的專業資源清單，努力發展你的個人學習網路。

表格二十二：**常見教師適用的社交網路**

推特	教師可以追蹤其他教育工作者，張貼不超過 140 字的推文，連結有趣的文章，並參與有關特定教育主題的聊天。網址是：www.twitter.com。
臉書	加入臉書群組，跟各種學科背景的教育工作者接觸。有依不同學科領域或授課年級組成的群組，也有討論成長性思維等教育理念的群組。網址是：www.facebook.com。
Pinterest	Pinterest 是一種社交網路平台，用戶連結文章、網站、照片與部落格。它是視覺驅動的社交媒體平台，擁有廣大的教師用戶。網址是：www.pinterest.com。
Google+	Google+ 是網路巨擘 Google 的社交網路配備。Google+ 擁有忠實的教師用戶，其中許多教師是透過 Google App 的教育帳號發現它的。教師也可以透過 Google Hangouts 進行視訊連結。網址是：www.plus.google.com。
YouTube	YouTube 是教師研習的絕佳資源。有數不盡的教育科技與教學技巧和示範，還有教學影片、影音部落格及其他許多資源。透過訂閱頻道、留言、與其他教師用戶交流，整合你的社交網路。網址是：www.youtube.com。

　　成長性思維意味著相信學習與探索沒有終點。教師過去從未像現在擁有這麼多的管道，可以取得如此多元的觀點與想法。這個暑假，努力在專業領域探究社交網路，擴張你的個人學習網路，打開心胸，接受新的想法吧。

增進成長性思維的其他資源

　　如果成長性思維的概念令你嚮往，請放心，有許多其他資源可以參考。這項由杜維克倡導的美好概念，根植於動機、神經學與行為科學相關領域，可以運用在孩童及大人身上，也可以應用在真實生活的各個面向。我們想要留給你一份我們最喜愛的思維資源清單，其中有一些是我們每天查閱的著作，它們開啟了我們的眼界，看見新的生活方式，也有一些是活躍的網路社群，持續提供有關思維主題的啟發性想法與意見。

書籍
↓

《錯誤無傷大雅：犯錯的意外收穫》（*Better by Mistake: The Unexpected Benefits of Being Wrong*），艾琳娜・塔根（Alina Tugend）著（暫譯）。

《大腦當家－靈活用腦 12 守則，學習工作更上層樓》（*Brain Rules: 12 Principles for Surviving and Thriving at Work, Home, and*

School），John Medina 著。

⊙《哈佛教育學院的一門青年創新課》（*Creating Innovators: The Making of Young People Who Will Change the World*），東尼・華格納（Tony Wagner）著。

⊙《讓天賦發光》（*Creative Schools: The Grassroots Revolution That's Transforming Education*），肯・羅賓森（Ken Robinson）與盧・亞若尼卡（Lou Aronica）合著。

⊙《動機，單純的力量：把工作做得像投入嗜好一樣有最單純的動機，才有最棒的表現》（*Drive: The Surprising Truth about What Motivates Us*），丹尼爾・品克（Daniel H. Pink）著。

⊙《每一次挫折，都是成功的練習：失敗是給孩子最珍貴的禮物》（*The Gift of Failure: How the Best Parents Learn to Let Go So Their Children Can Succeed*），潔西卡・雷希（Jessica Lahey）著。

⊙《恆毅力：人生成功的究極能力》（*Grit: The Power of Passion and Perseverance*），安琪拉・達克沃斯（Angela Duckworth）著。

⊙《孩子如何成功：讓孩子受益一生的新教養方式》（*How Children Succeed: Grit, Curiosity, and the Hidden Power of Character*），保羅・塔夫（Paul Tough）著。

⊙《記得牢，想得到，用得出來：記憶力、理解力、創造力的躍進術》（*How We Learn: The Surprising Truth about When, Where, and Why It Happens*），凱瑞（Benedict Carey）著。

⊙《數學思維》（*Mathematical Mindsets: Unleashing Students' Potential through Creative Math, Inspiring Messages, and Innovative Teaching*），

喬・波勒（Jo Boaler）與卡蘿・杜維克（Carol Dweck）合著（暫譯）。

⊙《心態致勝：全新成功心理學》（*Mindset: The New Psychology of Success*），卡蘿・杜維克（Carol Dweck）著。

⊙《教室裡的思維》（*Mindsets in the Classroom*），Mary Cay Ricci 著（暫譯）。

⊙《異數：超凡與平凡的界線在哪裡？》（*Outliers: The Story of Success*），麥爾坎・葛拉威爾（Malcolm Gladwell）著。

⊙《刻意練習：原創者全面解析，比天賦更關鍵的學習法》（*Peak: Secrets from the New Science of Expertise*），安德斯・艾瑞克森（Anders Ericsson）與羅伯特・普爾（Robert Pool）合著。

⊙《為什麼我們這樣生活，那樣工作？》（*The Power of Habit*），查爾斯・杜希格（Charles Duhigg）著。

⊙《與成功有約：高效能人士的七個習慣》（*The Seven Habits of Highly Effective People*），史蒂芬・柯維（Stephen Covey）著。

⊙《為什麼這樣工作會快、準、好》（*Smarter, Faster, Better: The Secrets of Being Productive in Life and Business*），查爾斯・杜希格（Charles Duhigg）著。

⊙《天才密碼》（*The Talent Code: Greatness Isn't Born. It's Grown. Here's How.*），丹尼爾・科伊爾（Daniel Coyle）著。

⊙《我比別人更認真：刻意練習讓自己發光》（*Talent Is Overrated: What Really Separates World-Class Performers from Everybody Else*），傑夫・柯文（Geoff Colvin）著。

⊙《快思慢想》（*Thinking, Fast and Slow*），康納曼（Daniel Kahneman）著。

⊙《為什麼學生不喜歡上學？》（簡體中文版）（*Why Don't Students Like School? A Cognitive Scientist Answers Questions about How the Mind Works and What It Means for the Classroom*），丹尼爾‧威林厄姆（Daniel T. Willingham）著。

⊙《為什麼我們這樣做》（*Why We Do What We Do: Understanding Self-Motivation*），Edward Deci 與 Richard Flaste 合著（暫譯）。

TED 演講及影片

⊙《大腦科學》（*Brain Science*），YouCubed.org。

⊙《成功的要訣是什麼？是恆毅力》（*Grit: The Power of Passion and Perseverance*），安琪拉‧達克沃斯（Angela Duckworth）主講，TED 演講，2013 年四月。

⊙《信念的力量》（*The Power of Belief*），Eduardo Briceno 主講，TED 演講，2012 年十一月。

⊙《相信你能進步的力量》（*The Power of Believing That You Can Improve*），卡蘿‧杜維克（Carol Dweck）主講，TED 演講，2014 年十一月。

⊙《你能夠學習任何事》（*You Can Learn Anything*），可汗學院（Khan Academy）。

網站

- ⊙ Mindset Online（www.mindsetonline.com），卡蘿·杜維克的思維網站。
- ⊙ Mindset Works（www.mindsetworks.com），卡蘿·杜維克與麗莎·布萊克維爾（Lisa Blackwell）創設的思維訓練網站。
- ⊙ The Character Lab（www.characterlab.org），安琪拉·達克沃斯（Angela Duckworth）創設的研究實驗室。
- ⊙ Mindset Kit（www.mindsetkit.org），PERTS（拓展教育研究專案中心）免費線上思維課程。
- ⊙ YouCubed（www.youcubed.org），喬·波勒（Jo Boaler）探討數學思維研究的網站。
- ⊙ The Mindset Scholars Network（mindsetscholarsnetwork.org），研究本位的思維資訊。
- ⊙ Mindshift（ww2.kqed.org/mindshift/），思維科學與應用的原始報告。

參考文獻

- ⊙ *Carol Dweck Revisits the "Growth Mindset"*, *Education Week*, May 7, 2016. *Fluency without Fear: Research Evidence on the Best Ways to Learn Math Facts*, Jo Boaler, YouCubed.org

⊙ *How Not to Talk to Your Kids*, Po Bronson, *New York Magazine*, August 3, 2007

⊙ *Praise for Intelligence Can Undermine Children's Motivation and Performance*, Claudia M. Mueller and Carol S. Dweck, *Journal of Personality and Social Psychology*, 1998

⊙ *The Secret to Raising Smart Kids*, Carol S. Dweck, *Scientific American*, January 1, 2015

最後的想法

　　謝謝你與我們共遊這趟思維之旅。我們盼望你已學會並掌握這些有助於你自己、你的學生以及你的學校向前邁進的策略與概念。我們最大的盼望是，你願意花時間跟同事及同儕分享成長性思維的科學與原則。如果教師真的相信每個孩子都有成長的力量，可以透過勤奮努力，增進他們的才華、技巧與能力，並設法培養學生的信念，成長性思維將會深深扎根。透過你，成長性思維可以鼓舞我們未來的領袖，幫助他們克服挫折與障礙，點燃學習與成長的熱忱，一代代持續傳承這樣的力量。為持續成長性思維對話，請上我們的網站：www.thegrowthmindsetcoach.com。

致謝

　　首先要謝謝卡蘿・杜維克及她的同事們，他們的研究著作是本書的靈感與知識來源。您開創性的啟示已改變了我教學、學習及生活的方式，感謝您如此慷慨地將研究心得分享給全世界。

　　謝謝我的同事及良師益友希瑟・韓德利。我讚嘆於你對教育領域的熱情與奉獻。你的活力與樂觀，以及堅持承諾做對學生最好的事，令人欽佩。非常感謝你願意接受挑戰，與我共同撰寫本書。

　　謝謝莎莉・索法分享你的見解，你是教師的典範，也是可貴的朋友。謝謝奧布麗・史坦賓克（mrssteinbrink6.wordpress.com）分享你的成長性思維旅程。謝謝莎拉・卡特（mathequalslove.blogspot.com）與喬登・卡特潘諾（@BuffEnglish）分享你們的經驗。謝謝其他像你們這樣的老師，願意花時間在網路上分享想法及故事，讓我們從中獲益良多。

　　謝謝我的父母蓋瑞與辛蒂・茂林，以及我的公婆克林特與凱莉・布魯克，謝謝您們給予的愛、鼓勵與支持。當我必須進行研究或寫作時，您們總是即刻救援，當我的救火隊。當我撰

寫本書時，知道孩子在您們手中被照顧得安然穩妥，實在是最美好的禮物。感激您們為我做的一切。

　　原來完成一本書需要眾志成城。謝謝一路上相挺的親朋好友：雅各・茂林、史蒂維・阿莫斯、山姆・茂林、史蒂芬妮・史維斯基、印歌・諾德斯特麗－凱莉、艾美・歐迪霍夫特、克林特・寇伯格醫師、艾芙琳・寇豪爾，以及達爾頓・寇豪爾。

　　謝謝尤利西斯出版社（Ulysses Press）給予我們撰寫本書的機會。特別感謝凱西・弗格爾在整個過程中提供支持、鼓勵與指導，以及寶拉・德拉戈許在編輯本書時高度的細心。

　　謝謝我的孩子巴迪和麗拉，他們每一天都給我鼓勵與啟發。我要對你們說：「真的很謝謝你們為了幫助媽媽完成本書所做的努力。」我愛你們，勝過言語能形容。還有永遠感謝的傑瑞，他是我的先生、我最好的朋友、我的頭號粉絲。謝謝你始終相信我、愛我、支持我，即便在並不容易的時候。你對我而言再重要不過了。

　　最後，希瑟與我要感謝本書讀者。老師們，您們對這個世界的影響無遠弗屆。您們有能力鼓舞好奇心、啟發探索力、點燃熱情、觸動生命。我們都因偉大的老師孜孜不倦地建立更好的明天，而成為更好的人。

──安妮・布魯克

首先，我要衷心感謝安妮‧布魯克邀我與她進入這趟寫書的旅程。她是充滿熱情的作家，並投注同樣的熱情在下一代身上，撰寫他們的故事。

無限感謝在工作生涯中，有機會與令人驚喜的學生、教育工作者、行政人員與教授共事。這些人（族繁不及備載）對我的人生帶來莫大影響。

感謝我的父母羅伊與卡洛琳‧史勞德，他們灌輸我勤奮努力的價值，鼓勵我不斷追尋夢想。感謝我的公婆羅伯特與雪倫‧韓德利，當我忙於授課或寫書時，他們投注大量的時間為我分憂解勞。我的孩子艾碧嘉、艾迪生與艾伯特，在我身為母親仍持續學習與成長時，謝謝你們給予的忍耐與恩慈。

最後謝謝我摯愛的丈夫麥特，謝謝你一直相信我，謝謝你的耐心、你的金玉良言，謝謝你投入無數時光整理論文與編輯本書，也謝謝你鼓勵我接受新的挑戰。每一天，你都使我成為更好的人。

—— 希瑟‧韓德利

注釋

1 ——卡蘿‧杜維克（Carol S. Dweck），《心態致勝：全新成功心理學》（*Mindset: The New Psychology of Success*），New York：Ballantine Books，2006。

2 ——同注釋1，原文書 P.15–16。

3 ——同注釋1，原文書 P.16。

4 ——同注釋1，原文書 P.7–10、12–14。

5 ——同注釋1，原文書 P.7。

6 ——M. B. Roberts, *"Rudolph Ran and the World Went Wild,"* ESPN.com, accessed March 10, 2016,https://espn.go.com/sportscentury/features/00016444.html。

7 ——Rudy International, *"Rudy: The True Story,"*, 2003, http://www.rudyintl.com/truestory1.cfm。

8 ——Nina Totenberg, *"Sotomayor Opens Up about Childhood, Marriage in 'Beloved World,'"* NPR, January 12, 2013, http://www.npr.org/2013/01/12/167042458/sotomayor-opens-upabout-childhood-marriage-in-beloved-world。

9 ——American Institute for Physics, *"Marie Curie: Her Story in Brief,"* accessed March 10, 2016,https://www.aip.org/history/exhibits/curie/brief/index.html。

10 ——Nobel Media, *"Malala Yousafzai — Biographical,"*accessed May 3, 2016,https://www.nobelprize.org/nobel_prizes/peace/laureates/2014/yousafzai-bio.html。

11 ——卡蘿‧杜維克（Carol S. Dweck），《心態致勝：全新成功心理學》（*Mindset: The New Psychology of Success*），New York：Ballantine Books，2006 年，原文書 P.10。

12 ——同注釋11，原文書 P.157。

13 ——同注釋11，原文書 P.245。

14 ——David Paunesku et al., *"Mind-Set Interventions Are a Scalable Intervention for Academic Underachievement,"* Psychological Science Online First, April 10, 2015, doi:10.1177/0956797615571017。

15 ——Carol Dweck, *"Carol Dweck Revisits 'Growth Mindset,"* Education Week, September 22, 2015。

16 ——US Department of Education, *"My Favorite Teacher,"* YouTube video, 2:03, posted

May 6, 2010, https://www.youtube.com/watch?v=py46EaAscOA。

17 —— Teach.org, *"Chris Paul Talks about His Favorite Teacher,"* YouTube video, 0:31, posted February 2011, https://www.youtube.com/watch?v=rRLCdmorqWA。

18 —— Teach.org, *"Secretary of Energy Steven Chu Talks about the Influence of His Physics Teacher,"* YouTube video, 1:03, posted September 15, 2010, https://www.youtube.com/watch?v=erzflNDVaQs。

19 —— Teach.org, *"Julia Louis-Dreyfus Talks about Her High School Physics Teacher,"* YouTube video, 1:05, posted September 15, 2010, https://www.youtube.com/watch?v=LLHZK3Un9qY&index=5&list=PLFDAB966A469ACDCA。

20 —— Paunesku et al., *"Mind-Set Interventions,"* ,P7。

21 —— 同注釋 20，原文書 P.2。

22 —— C. Good, J. Aronson, and M. Inzlicht, "Improving Adolescents' Standardized Test Performance:An Intervention to Reduce the Effects of Stereotype Threat," Applied Developmental Psychology 24 (2003): 645–62 (found on MindsetWorks.com)。

23 —— J. Aronson, C. B. Fried, and C. Good, "Reducing the Effects of Stereotype Threat on African American College Students by Shaping Theories of Intelligence," Journal of Experimental Social Psychology 38 (2002): 113–25 (found on Mindsetworks.com)。

24 —— 卡蘿・杜維克（Carol S. Dweck），《心態致勝：全新成功心理學》（*Mindset: The New Psychology of Success*），New York：Ballantine Books，2006 年出版，原文書 P.201。

25 —— 同注釋 24，原書 P.173。

26 —— C. M. Karns, M. W. Dow, N. J. Neville, "Altered Cross-Modal Processing in the Primary Auditory Cortex of Congenitally Deaf Adults: A Visual-Somatosensory fMRI Study with a Double-Flash Illusion," Journal of Neuroscience 32, no. 28 (2012): 9626–38。

27 —— 大衛・伊葛門（David Eagleman），《大腦解密手冊：誰在做決策、現實是什麼、為何沒有人是孤島、科技將如何改變大腦的未來》（*The Brain: The Story of You*），New York: Pantheon Books，2015 年出版，原文書 P.116。

28 —— Ferris Jabr, *"Cache Cab: Taxi Drivers' Brains Grow to Navigate London's Streets,"* Scientific American, December 8, 2011。

29 —— Jo Boaler, *"Unlocking Children's Math Potential: Five Research Results to Transform Math Learning,"* accessed February 19, 2016, YouCubed.org。

30 —— 同注釋 29，原書 P.4。

31 —— C. S. Dweck, *"Mind-sets and Equitable Education,"* Principal Leadership 10, no. 5

(2010): P.26-29。

32 —— 同注釋 31，原文書 P.27。

33 —— Donna Wilson and Marcus Conyers, *"The Boss of My Brain,"* Educational Leadership 72, no. 2 (2014),http://www.ascd.org/publications/educational-leadership/oct14/vol72/num02/%C2%A3The-Boss-of-My-Brain%C2%A3.aspx。

34 —— Eric Nagourney, *"Surprise! Brain Likes Thrill of Unknown,"* New York Times, April 17, 2001, http://www.nytimes.com/2001/04/17/health/vital-signs-patterns-surprise-brain-likesthrill-of-unknown.html。

35 —— Rita Pierson, *"Every Kid Needs a Champion,"* video file, May 2013, https://www.ted.com/talks/rita_pierson_every_kid_needs_a_champion。

36 —— Jeffrey Liew, *"Child Effortful Control, Teacher-Student Relationships, and Achievement in Academically At-risk Children: Additive and Interactive Effects,"* Early Childhood Research Quarterly 25, no. 1 (2010): 51-64, doi:10.1016/j.ecresq.2009.07.005。

37 —— Jan N. Hughes, *"Further Support for the Developmental Significance of the Quality of the Teacher–Student Relationship,"* Journal of School Psychology 39, no. 4 (2001): 289-301,doi:10.1016/S0022-4405(01)00074-7。

38 —— Rita Pierson, *"Every Kid Needs a Champion,"* video file, May 2013, https://www.ted.com/talks/rita_pierson_every_kid_needs_a_champion。

39 —— Daniel Berry, *"Relationships and Learning: Lecturer Jacqueline Zeller's Research and Clinical Work Highlights the Role of Teacher-Child Relationships,"* May 29, 2008, https://www.gse.harvard.edu/news/uk/08/05/relationships-and-learning。

40 —— H. Gehlbach, M. E. Brinkworth, L. Hsu, A. King, J. McIntyre, and T. Rogers, *"Creating Birds of Similar Feathers: Leveraging Similarity to Improve Teacher-Student Relationships and Academic Achievement,"* Journal of Educational Psychology, accessed March 2, 2016. http://scholar.harvard.edu/files/todd_rogers/files/creating_birds_0.pdf。

41 —— Hunter Gehlbach, *"When Teachers See Similarities with Students, Relationships and Grades Improve,"* The Conversation, May 27, 2015, http://theconversation.com/when-teachers-seesimilarities-with-students-relationships-and-grades-improve-40797。

42 —— Matthew A. Kraft and Rodd Rogers, *"The Underutilized Potential of Teacher-to-Parent Communication: Evidence from a Field Experiment,"* October 2014, https://scholar.harvard.edu/files/mkraft/files/kraft_rogers_teacher-parent_communication_hks_working_paper.pdf。

43 —— 同注釋 42，P.3。

44 —— 同注釋 42，P.2-4。

45 —— Ulrich Boser and Lindsay Rosenthal, "*Do Schools Challenge Our Students? What Student Surveys Tell Us about the State of Education in the United States,*" Center for American Progress, July 10, 2012, https://www.americanprogress.org/issues/education/report/2012/07/10/11913/do-schools-challenge-our-students。

46 —— Carol Dweck, "*Even Geniuses Work Hard,*" Educational Leadership 68, no. 1 (2010): P16-20。

47 —— Interaction Institute for Social Change | Artist: Angus Maguire, "*Illustrating Equality vs Equity,*" January 13, 2016, http://interactioninstitute.org?illustrating-equality-vs-equity/。

48 —— 肯・羅賓森（Ken Robinson），《讓天賦發光》（*Creative Schools: The Grassroots Revolution That's Transforming Education*），New York: Viking，2015 年出版，原文書 P.51。

49 —— TeachingChannel.org, "*Carol Dweck on Personalized Learning,*" video file, https://www.teachingchannel.org/videos/personalized-student-learning-plans-edv#video-sidebar_tab_video-guide-tab。

50 —— Robert Rosenthal and Reed Lawson, "*A Longitudinal Study of the Effects of Experimenter Bias on the Operant Learning of Laboratory Rats,*" Journal of Psychiatric Research 2, no. 2 (1964): 61-72, doi:10.1016/0022-3956(64)90003-2。

51 —— Katherine Ellison, "*Being Honest about the Pygmalion Effect,*" Discover Magazine, December 2015, http://discovermagazine.com/2015/dec/14-great-expectations。

52 —— 同注釋 51。

53 —— Robert Rosenthal, "*Four Factors in the Mediation of Teacher Expectancy Effects,*" in The Social Psychology of Education: Current Research and Theory, edited by Monica J. Harris, Robert Rosenthal, and Robert S. Feldman (New York: Cambridge University Press, 1986),P.91-114。

54 —— Po Bronson, "*How Not to Talk to Your Kid: The Inverse Power of Praise,*" New York Magazine,August 3, 2007, http://nymag.com/news/features/27840。

55 —— C. S. Dweck, "*Mind-sets and Equitable Education,*" Principal Leadership 10, no. 5 (2010): P.26-29。

56 —— Jennifer Gonzales, "*The Trouble with Amazing,*" Cult of Pedagogy, January 25, 2014,http://www.cultofpedagogy.com/the-trouble-with-amazing。

57 —— Elizabeth Gunderson et al., "Parent Praise to One- to Three-Year-Olds Predicts

Children's Motivational Frameworks Five Years Later," Child Development 00, no. 0 (2013):P.1–16, https://goldin-meadow-lab.uchicago.edu/sites/goldin-meadow-lab. uchicago.edu/files/uploads/PDFs/2013%20gunderson%20praise%20paper.pdf。

58 ── Anya Kamenetz, "The Difference between Praise and Feedback," KQED's Mindshift, March 28, 2014, http://ww2.kqed.org/mindshift/2014/03/28/the-difference-between-praiseand-Feedback。

59 ── 奧布麗・史坦賓克（Aubrey Steinbrink），於 2016 年 4 月 11 日寄電子郵件給作者。

60 ── 同注釋 59。

61 ── 麥爾坎・葛拉威爾（Malcolm Gladwell），《異數：超凡與平凡的界線在哪裡？》（*Outliers: The Story of Success*），New York: Little, Brown，2008 年出版。

62 ── A. L. Duckworth, T. A. Kirby, E. Tsukayama, H. Berstein, and K. A. Ericsson, *"Deliberate Practice Spells Success: Why Grittier Competitors Triumph at the National Spelling Bee,"* Social Psychological and Personality Science 2, no. 2 (2011): 174–81。

63 ── 安德斯・艾利克森（Anders Ericsson）及羅伯特・普爾（Robert Pool），《刻意練習：如何從新手到大師》（*Peak: Secrets from the New Science of Expertise*），New York : Houghton Mifflin Harcourt，2016 年出版。

64 ── *"How to Become Great at Just about Anything,"* Freakonomics podcast, April 2016。

65 ── 丹尼爾・品克（Daniel Pink），《動機、單純的力量：把工作做得像投入嗜好一樣 有最單純的動機，才有最棒的表現》（*Drive: The Surprise Truth about What Motivates Us*），New York: Riverhead Books，2009 年出版，原文書 P.119–120。

66 ── 卡蘿・杜維克（Carol S. Dweck），《自我理論：它在動機、人格與發展扮演的角色》，（*Self-Theories: Their Role in Motivation, Personality, and Development*）Philadelphia: Taylor & Francis Group，2000 年出版，原文書 P.18。

67 ── 同注釋 66，原文書 P.18–19。

68 ── Martin Maehr and Carol Midgley, *"Enhancing Motivation: A Schoolwide Approach,"*Educational Psychologist 26, nos. 3–4 (1991): 409–15, http://www.unco. edu/cebs/psychology/kevinpugh/motivation_project/resources/maehr_midgley91.pdf。

69 ── Chris Watkins, quoted in Debra Viadero, *"Studies Show Why Students Study Is as Important as What,"* Education Week (blog), August 16, 2010, http://blogs.edweek. org/edweek/insideschool-research/2010/08/studies_show_why_students_stud. html?qs=Studies_Show_Why_Students_Study_is_as_Important_as_What_。

70 ── Denis Brian, *"Einstein: A Life"*, New York: John Wiley & Sons, 1996, 18。

71 —— Michael Balter, *"Why Einstein Was a Genius,"* Science, November 15, 2012, ，http://www.sciencemag.org/news/2012/11/why-einstein-was-genius。

72 —— 同注釋 71。

73 —— J. K. Rowling, *"The Fringe Benefits of Failure,"* May 2008, video file, https://www.ted.com/talks/jk_rowling_the_fringe_benefits_of_failure。

74 —— Leah Alcala, *"My Favorite No: Learning from Mistakes,"* video file, https://www.teachingchannel.org/videos/class-warm-up-routine。

75 —— Lisa Blackwell, *"Grading for Growth in a High-Stakes World,"* Mindset Works, January 23, 2012, http://community.mindsetworks.com/tips-on-grading-for-a-growth-mindset。

76 —— Manu Kapur et al., *"Productive Failure in Mathematical Problem Solving,"* http://www.manukapur.com/wp40/wp-content/uploads/2015/05/CogSci08_PF_Kapur_etal.pdf。

77 —— Annie Murphy Paul, *"Why Floundering Is Good,"* Time, April 25, 2012, http://ideas.time.com/2012/04/25/why-floundering-is-good。

78 —— Katrina Schwartz, *"How 'Productive Failure' in Math Class Helps Make Lessons Stick,"* KQED's Mindshift, April 19, 2016, http://ww2.kqed.org/mindshift/2016/04/19/how-productivefailure-for-students-can-help-lessons-stick。

79 —— Manu Kapur, *"Failure Can Be Productive for Teaching Children Maths,"* The Conversation, February 18, 2014, http://theconversation.com/failure-can-be-productive-for-teachingchildren-maths-22418。

80 —— Carol Dweck, *"The Power of Believing That You Can Improve,"* November 2014, video file, https://www.ted.com/talks/carol_dweck_the_power_of_believing_that_you_can_improve?language=en。

81 —— Cory Turner, *"The Teacher Who Believes Math Equals Love,"* NPR, March 9, 2015, http://www.npr.org/sections/ed/2015/03/09/376596585/the-teacher-who-believes-math-equalslove。

82 —— Sarah Carter, *"Students Speak Out about A/B/Not Yet,"* Math = Love, June 17, 2015, http://mathequalslove.blogspot.com/2015/06/students-speak-out-about-abnot-yet.html。

83 —— 莎莉‧索法（Shelley Sopha），於 2016 年 5 月 3 日寄電子郵件給作者。

84 —— 同注釋 83。

85 —— 同注釋 83。

86 —— 同注釋 83。

87 —— Michael Wesch, *"Anti-Teaching: Confronting the Crisis of Significance,"* Education Canada,48, no. 2 (2010), ISSN 0013-1253, http://www.cea-ace.ca/sites/cea-ace.ca/files/EdCan-2008-v48-n2-Wesch.pdf。

88 —— Michael Wesch, *"From Knowledgable to Knowledge-able: Learning in New Media Environments,"* Academic Commons, January 7, 2009, http://www.academiccommons.org/2014/09/09/from-knowledgable-to-knowledge-able-learning-in-new-mediaenvironments。

89 —— Buck Institute for Education, *"What Is Project Based Learning,"* PBL, accessed April 21, 2016, http://bie.org/about/what_pbl。

90 —— 同注釋 89。

91 —— Andrew Kasprisin, *"Our Transition to Standards-Based Grading,"* JumpRope, January 23,2015, https://www.jumpro.pe/blog/our-transition-to-standards-based-grading。

92 —— 同注釋 91。

93 —— *"Two Wolves,"* accessed April 28, 2016, http://www.firstpeople.us/FP-Html-Legends/TwoWolves-Cherokee.html。

94 —— Carol Dweck, *"Recognizing and Overcoming False Growth Mindset,"* Edutopia, January 11, 2016, http://www.edutopia.org/blog/recognizing-overcoming-false-growth-mindsetcarol-Dweck。

95 —— 卡蘿・杜維克（Carol S. Dweck），《心態致勝：全新成功心理學》（*Mindset: The New Psychology of Success*），New York：Ballantine Books，2006 年出版，原文書 P.244–46。

96 —— Dweck, *"Carol Dweck Revisits 'Growth Mindset.'"*。

97 —— 史蒂芬・柯維（Stephen R. Covey），《與成功有約：高效能人士的七個習慣》（*The Seven Habits of Highly Effective People: Restoring The Character Ethic*），New York: Free Press，2004 年出版。

98 —— 同注釋 97，原文書 P.131。

99 —— 卡蘿・杜維克（Carol S. Dweck），《心態致勝：全新成功心理學》（*Mindset: The New Psychology of Success*），New York：Ballantine Books，2006 年出版，原文書 P.244。

100 —— 同注釋 99，原文書 P.245。

101 —— 同注釋 99。

102 —— Jordan Catapano，於 2016 年 5 月 11 日寄電子郵件給作者。

103 —— 同注釋 102。

104 —— 同注釋 102。

國家圖書館出版品預行編目（CIP）資料

成長性思維學習指南（長銷經典版）：幫助孩子達成目
標，打造心態致勝的實戰教室／安妮‧布魯克（Annie
Brock）、希瑟‧韓德利（Heather Hundley）著；王素蓮譯 .
-- 第二版 . -- 臺北市：親子天下股份有限公司，2023.01
328 面；14.8x21 公分 . --（學習與教育；BKEE0240P）
　譯自：The growth mindset coach : a teacher's month-by-
　　　month handbook for empowering students to achieve
　ISBN　978-626-305-388-5（平裝）

　1.CST：學習心理　2.CST：激勵

521.1　　　　　　　　　　　　　　　　　　111020164

學習與教育 BKEE0240P

成長性思維學習指南（長銷經典版）
幫助孩子達成目標，打造心態致勝的實戰教室
The Growth Mindset Coach: A Teacher's Month-by-Month Handbook for Empowering Students to Achieve

作　　者｜安妮‧布魯克（Annie Brock）、希瑟‧韓德利（Heather Hundley）
譯　　者｜王素蓮
責任編輯｜李寶怡（特約）、謝采芳
封面設計｜FE 設計
內頁排版｜張靜怡、中原造像股份有限公司
行銷企劃｜石筱珮

天下雜誌群創辦人｜殷允芃
董事長兼執行長｜何琦瑜
媒體產品事業群
總 經 理｜游玉雪
總　　監｜李佩芬
版權主任｜何晨瑋、黃微真

出 版 者｜親子天下股份有限公司
地　　址｜台北市 104 建國北路一段 96 號 4 樓
電　　話｜(02) 2509-2800　傳真｜(02) 2509-2462
網　　址｜www.parenting.com.tw
讀者服務專線｜(02) 2662-0332　週一～週五 09:00~17:30
讀者服務傳真｜(02) 2662-6048
客服信箱｜parenting@cw.com.tw

法律顧問｜台英國際商務法律事務所‧羅明通律師
製版印刷｜中原造像股份有限公司
總 經 銷｜大和圖書有限公司　電話｜(02) 8990-2588

出版日期｜2023 年 1 月第二版第一次印行
　　　　　2023 年 2 月第二版第二次印行
定　　價｜420 元
書　　號｜BKEE0240P
I S B N｜978-626-305-388-5（平裝）

訂購服務────────────────────────────
親子天下 Shopping｜shopping.parenting.com.tw
海外‧大量訂購｜parenting@cw.com.tw
書香花園｜台北市建國北路二段 6 巷 11 號　電話｜(02) 2506-1635
劃撥帳號｜50331356 親子天下股份有限公司

The Growth Mindset Coach: A Teacher's Month-by-Month Handbook for Empowering Students to Achieve
Copyright © 2016 by Annie Brock and Heather Hundley
All rights reserved.
This edition is published by arrangement with Ulysses Press through Andrew Nurnberg Associates International Limited.

立即購買 >

國家圖書館出版品預行編目(CIP)資料

短影音賣貨爆款文案全攻略：熱賣數億元的網路行銷祕訣，公
開不為人知的腳本策略！／雨濤著. -- 初版. -- 新北市：大樹林
出版社，2024.05
　　面；　　公分. --（閱讀寫作課；6）
　ISBN　978-626-98295-4-5（平裝）

1.CST：網路行銷 2.CST：行銷策略 3.CST：廣告文案
4.CST：廣告寫作

496　　　　　　　　　　　　　　　　113003009

大樹林學院
www.gwclass.com

最新課程 New！
公布於以下官方網站

大树林学苑—微信

課程與商品諮詢

大樹林學院 — LINE

閱讀寫作課 06

短影音賣貨爆款文案全攻略
熱賣數億元的網路行銷祕訣，公開不為人知的腳本策略！

作　　者／雨濤
總 編 輯／彭文富
主　　編／黃懿慧
封面設計／木木LIN
內文排版／菩薩蠻
轉繁改稿／楊心怡、黃懿慧
校　　對／邱月亭
出 版 者／大樹林出版社
營業地址／23357 新北市中和區中山路 2 段 530 號 6 樓之 1
通訊地址／23586 新北市中和區中正路 872 號 6 樓之 2
電　　話／(02) 2222-7270 傳真／(02) 2222-1270
E - m a i l ／notime.chung@msa.hinet.net
官　　網／www.gwclass.com
Facebook／www.facebook.com/bigtreebook
發 行 人／彭文富
劃撥帳號／18746459　　戶名／大樹林出版社
總 經 銷／知遠文化事業有限公司
地　　址／222 新北市深坑區北深路三段155巷25號5樓
電　　話／02-2664-8800　　傳真／02-2664-8801
初　　版／2024 年05月

雨涛《如何写出短视频爆款文案》本書繁體版由四川一览文化传播广告有限公司代
理，经北京时代华语国际传媒股份有限公司授权出版。
繁體版書名為《短影音賣貨爆款文案全攻略》。

定價／380元　港幣：127元　ISBN／978-626-98295-4-5

版權所有，翻印必究 Printed in Taiwan
◎本書如有缺頁、破損、裝訂錯誤，請寄回本公司更換
◎本書為雙色印刷的繁體正版，若有疑慮，請加入Line或微信社群洽詢。

線上回函

領取好禮「爆款文案帶貨腳本4大表格」電子檔

掃描Qrcode，填妥線上回函完整資料，即可索取本書贈品「爆款文案帶貨腳本4大表格」電子檔，讓你重複練習拆解爆紅短影音的腳本。

★贈品說明

　「爆款文案帶貨腳本4大表格」電子檔是參考本書P.206-207內容設計的學習單，讓您學以致用，用短影音成功賣貨！

★電子檔內含4大表格——

1. 拆解模仿帳號
2. 拆解模仿作品
3. 拆解帶貨腳本
4. 九宮格整理法

★活動日期：即日起至2028年02月18日

★寄送日期：填寫線上回函，送出google表單後，在下一頁即可看到檔案的下載連結。